イタイイタイ病と戦争

戦後七五年 忘れてはならないこと

向井嘉之

能登印刷出版部

はじめに

「国家がやる一番大きな事業は何かというと、これまでで言えば戦争だったと思います[1]」。

一九八一（昭和五六）年、神奈川県川崎市で開かれた「『地方の時代』映像祭」に講演者として招かれた芥川賞作家・堀田善衞（ほったよしえ）は、「国家」と「戦争」についてまずこのように表現した。

当時は「地方の時代」が提唱されはじめてから数年を経過し、「地方の時代」という言葉自身が市民権を得てきた頃であったが、放送界・市民・自治体が立場の違いを越えて、地域文化の創造、自治の確立に向かって語り合う場として「『地方の時代』映像祭」が初めて企画されたのである。堀田はこの第一回の記念講演を行うために招かれており、映像報告者の一人として出席していた筆者は幸運なことに堀田に同郷（富山県）を強調して邂逅（かいこう）した記憶がある。

堀田はこの講演で「国家」と「地方」という言葉を対比させ、「私は国家というものが不必要だと言っているつもりはないのです。やはり一つの事務形態としては必要だと思います。しかし、強すぎるものであってはならない。（中略）地方というものはできるだけ、そこの特性を活かして育成されていかなければならない。地方は育成されるべく、国家は監視されるべきものだと思います[2]」と強調した。

実は、堀田は太平洋戦争で召集を受けている。堀田は召集を受けた一九四四（昭和一九）年二月、出身地の富山に戻り、東部第四八部隊に入隊したが、入隊直後に肋骨骨折で三ヵ月の入院、召集解除となったため、東京に戻り、一九四五（昭和二〇）年三月の東京大空襲に遭遇した。この後、海軍報道部の知人の仲介で上海に飛んでいる。敗戦が色濃くなってきたこの頃に上海に行くなどということはいかにも無謀だと考えざるを得ないが、堀田は「上海客死」も覚悟で日本を去った。

『イタイイタイ病と戦争　戦後七五年 忘れてはならないこと』という本書執筆にあたり、筆者の脳裏にまず浮かんだのが堀田の言葉であった。明治維新に始まった日本の近代は、日清・日露・第一次世界大戦と、一〇年毎に戦争を繰り返し、日中戦争の泥沼から太平洋戦争へと行き着いた。そして今、太平洋戦争の敗戦から戦後七五年を迎えた。

日本の近代化一五〇年の歴史において、幾多の戦争を目論（もくろ）み、多くの民を戦争に巻き込んできた「国家」というもののありようを、さまざまな視点からあらためて問わなければならない。堀田は、そこに生きる人々の顔が見える「地方」から国家を監視する重要性を指摘したが、本書では、国策として始まった戦争のための鉱山開発により、日清・日露・第一次世界大戦、そして日中戦争から太平洋戦争へと、日本の戦争すべてにおいて、ひたすら犠牲の歴史を歩まされた「イタイイタイ病」という公害病を取り上げた。

イタイイタイ病は日本の公害病認定第一号であり、イタイイタイ病裁判は四大公害訴訟の先頭を切って原告の被害住民が勝訴した裁判である。近代日本の公害の原点とされる足尾鉱毒事件とともに、イタイイタイ病は日本における典型的な公害と言える。

イタイイタイ病は、一九一一(明治四四)年頃から岐阜県の三井金属鉱業神岡鉱業所(現・神岡鉱業)の排水に含まれるカドミウムに汚染された飲み水や米を通じて富山県の神通川流域住民が被害を受けた。主として年配の女性に多く発生したが、重金属のカドミウムが体内に蓄積すると腎臓障害を起こし、骨が軟化し折れやすくなる。重症の場合はくしゃみ程度で骨折するほどで、激痛に見舞われた患者が「痛い、痛い」と全身の激痛を訴えたのが名前の由来である。

イタイイタイ病は一〇〇年を超える歴史の中で、あまりにも人のいのちが顧(かえり)みられることがなかった。一体どれだけの人がイタイイタイ病で亡くなったのかの記録さえない。

イタイイタイ病は太平洋戦争の戦前から戦後に激甚被害期を迎え、多くの犠牲者が出た。ようやく患者の認定制度ができたのが一九六七(昭和四二)年。一九七〇(昭和四五)年発行の被害者団体の文献には、戦後の一九四六(昭和二一)年から一九七〇(昭和四五)年までの死者は二三〇人[3]との記述がある。筆者の調査では、戦前を含めると五〇〇人以上の犠牲者と推定される。

イタイイタイ病の資料としてよく使われる「認定患者数二〇〇人」の記述には違和感を覚える。つまり、イタイイタイ病の認定制度ができたのは、激甚被害期を過ぎ、イタイイタイ病の公害裁判が始まる前年であった。それ以降の認定患者数が二〇〇人ということであり、何らイタイイタイ病の実態を伝える数字ではない。

このうちすでに一九八人が亡くなり、二〇一九(令和元)年一二月末現在の生存者は二人である。認定されはしなかったが、イタイイタイ病で苦しみ続けた患者数の推定はさらに困難になる。

今もなお、苦しみ続ける患者たち。さらにカドミウム腎症という、いわばイタイイタイ病の前段症状の患者たちに対して国は公害病と認定すらしないのである。戦前の詳しいデータがない中で、行政データとしての「認定患者数は二〇〇人」だけが独り歩きし、イタイイタイ病の実態が正しく伝えられていないのは残念である。

さらにイタイイタイ病の患者は戦後七五年の今も苦しみ続けていることを知ってほしい。本書において筆者が検証したかったのは、被害地域となった神通川流域の無辜の農民にとって、日本の近代とは何であったのかということである。つまり、カドミウムの犠牲となって苦しみ続けた日本の一つの地域、あるいは地方と言ってよいかもしれないが、神通川流域の農民たちが戦争という国家の事業によって苛酷無残な日々を送らざるを得なかったその歴史である。

富国強兵、殖産興業を旗印にした日本の近代化は、鉱山の開発を一気に促した。その担い手となったのが、財閥と呼ばれる、一族の独占的出資による資本を中心に結合した経営形態である。神岡鉱山は一八七四（明治七）年、三井組が経営に乗り出した。以後、三井財閥は近代化を急ぐ国と一緒になって鉱山開発に突き進んだ。

一八九四（明治二七）年、日清戦争勃発、イタイイタイ病への導火線が敷かれた。

日清戦争、日露戦争、第一次世界大戦、日中戦争、太平洋戦争、そして付け加えるならば朝鮮戦争やベトナム戦争、イタイイタイ病はこの国がかかわった全ての戦争を見てきた。

太平洋戦争敗戦から五年後の一九五〇（昭和二五）年、アメリカ人、J・B・コーヘンによって著された『戦時戦後の日本経済』[4]序文冒頭、当時の太平洋問題調査会国際調査委員長であったB・G・サンソムは日本を「一好戦国家」と切り捨てた。現代を生きる日本人はこのサンソムの表現をどのように受けとめるのであろうか。

そして太平洋戦争敗戦後の対日賠償問題に関し来日したアメリカ代表、Ｅ・ポーレー大使が行った日本への非難は次のように断固たるものであった。

日本の財閥は日本の近代史の全般にわたって金融、産業、商業のみならず、政府までも支配した人々からなる、家族としても会社組織としてもかたく結束した比較的小さい集団である。彼らは日本における最大の戦争潜在力である。あらゆる日本の征服と侵略とを可能ならしめたのは彼らであった。……財閥は日本の軍国主義に対して軍国主義者自体とおなじく責任があるのみでなく、彼らは軍国主義によって巨利を博したのである。敗北後の今日においてさえ彼らはその独占的な立場を事実上強化した（中略）。財閥が解体されぬかぎり日本人が自由人としてみずから統治しうる望みはほとんどなく、財閥が存続しているかぎり日本は財閥の日本であろう[5]。

この見解はほとんどそのままアメリカ政府の見解となり、日本は財閥解体への道を歩んだ。詳しくは本文で紹介することになる。

戦争と公害という二重の下敷きとなった神通川流域の農民たち。そこには国家と地方、財閥と民衆という、この国の近代の構図が見えてくる。

近代化一五〇年の時間軸の中で、太平洋戦争敗戦を一つの起点とすれば、戦後七五年になる今、イタイイタイ病をどのように伝えるべきか悩んだが、「忘れてはならないこと」を念頭に筆者なりに検証を試みたつもりである。
本書がイタイイタイ病をはじめとする公害問題をあらためて見つめなおすきっかけになれば望外の喜びである。

本書執筆にあたり、基本資料として参照させていただいた文献は、以下の資料である。
1、三井金属鉱業株式会社修史委員会『神岡鉱山史』三井金属鉱業株式会社、一九七〇
2、三井金属鉱業株式会社修史委員会『神岡鉱山史料』三井金属鉱業株式会社、一九七〇
3、三井金属鉱業株式会社修史委員会『三井金属修史論叢』創刊号〜第一〇号、三井金属鉱業株式会社修史委員会、一九六八〜一九七八
4、三井金属鉱業株式会社修史委員会『続神岡鉱山史草稿』（未公刊）その一〜その五、一九七三〜一九七九
5、三井金属鉱業株式会社修史委員会事務局『神岡鉱山写真史』三井金属鉱業株式会社、一九七五
6、利根川治夫
「江戸時代および明治前期における鉱山鉱害問題」『国民生活研究』第一四巻第二号、一九七四
「明治後期および大正年間における鉱山公害問題」（一）（二）『国民生活研究』第一五巻第一号、一九七五、同第一五巻第三号、一九七五
「大正後期および昭和初期における鉱山公害問題」『国民生活研究』第一六巻第三号、一九七六
「一五年戦争下における鉱山公害問題」『国民生活研究』第一七巻第四号、一九七八

7、吉田文和
「非鉄金属鉱業の資本蓄積と公害：神岡鉱山公害をめぐる技術と経済（一）」『経済論叢』第一一八巻第五・六号、京都大学経済学会、一九七六
「第一次大戦後不況下における鉱山公害問題：神岡鉱山公害をめぐる技術と経済（二）」『経済論叢』第一一九巻第一・二号、京都大学経済学会、一九七七
「戦時下の鉱山公害問題」『経済論叢』第一一九巻第三号、京都大学経済学会、一九七七

8、中島信久
「歴史―亜鉛（一）―日本の亜鉛需給状況の歴史と変遷」『金属資源レポート』第三六巻第一号、石油天然ガス・金属鉱物資源機構金属資源開発本部金属企画調査部編、二〇〇六
「歴史―亜鉛（二）―我が国の亜鉛鉱山・製錬所の変遷と海外亜鉛資源確保の取り組み」『金属資源レポート』第三六巻第二号（発行ならびに発行年は同右）
「歴史―亜鉛（三）―亜鉛の国際的な需給構造の歴史と生産技術の変遷」『金属資源レポート』第三六巻第三号（発行ならびに発行年は同右）
「歴史―亜鉛（四）―第二次世界大戦後の国際亜鉛需給構造の変化」『金属資源レポート』第三六巻第四号（発行ならびに発行年は同右）

9、松波淳一『定本　カドミウム被害百年　回顧と展望』桂書房、二〇一〇

10、倉知三夫・利根川治夫・畑明郎編『三井資本とイタイイタイ病』大月書店、一九七九

11、イタイイタイ病訴訟弁護団編『イタイイタイ病裁判』第一巻～第六巻、総合図書、一九七一～

一九七四
12、神通川流域カドミウム被害団体連絡協議会委託研究班『イタイイタイ病裁判後の神岡鉱山における発生源対策』一九七八
13、イタイイタイ病対策協議会・神通川流域カドミウム被害団体連絡協議会『神通川流域住民運動のあゆみ』一九九一
14、坂本雅子『財閥と帝国主義』ミネルヴァ書房、二〇〇三

以上の文献を基本資料としながら、神岡鉱山関係、三井金属鉱業関係、富山県・岐阜県の県史・各市町村の地方史、イタイイタイ病関連などの参照文献は多岐にわたった。

その他、新聞資料についても、富山県、岐阜県の地方紙をはじめ、各全国紙の記事を参照した。これらの参照文献については、各章末に参照文献欄を設け、引用の場合は本文中に引用番号を明示し、引用文献欄に出所を明らかにした。

本書における年号については西暦・元号を併用したほか、地名については市町村合併により、当時と現在とでは市町村名が変わっている場所があるので、できるだけ当時と現在を併記した。

また、資料の引用・転載にあたっては、当時の記載を変更せずに掲載することを第一の方針とした。

そのほか、本記における氏名については、引用文中以外は失礼を省みず、原則として敬称を略させていただいた。

引用文献

[1]「地方の時代」映像祭実行委員会事務局『「地方の時代」を考える――「地方の時代」映像祭から――』「地方の時代」映像祭・実行委員会、一九八三
[2]「地方の時代」映像祭実行委員会事務局『「地方の時代」を考える――「地方の時代」映像祭から――』「地方の時代」映像祭・実行委員会、一九八三
[3] イタイイタイ病対策協議会・神通川流域カドミウム被害団体連絡協議会『神通川流域住民運動のあゆみ』一九九一
[4] J・B・コーヘン、大内兵衛訳『戦時戦後の日本経済』上、岩波書店、一九五〇
[5] J・B・コーヘン、大内兵衛訳『戦時戦後の日本経済』下、岩波書店、一九五〇

目次

第二章　亜鉛も国家なり

第三章　国策と棄民の連鎖

イタイイタイ病と戦争　戦後七五年　忘れてはならないこと

第一章　明治近代国家と神岡鉱山

——日清・日露戦争とイタイイタイ病

明治黎明期の神岡鉱山

「神様の通る川」と名付けられた神通川は、豊かな水量を伴って富山平野の穀倉地帯を流れる一級河川である。昔から農業・漁業だけでなく、流域の住民にとっては、文字どおり生活の中に根ざした「母なる川」であった。

富山湾に注ぐ神通川を遡るように、富山駅から富山地方鉄道バスで神岡鉱山へ向かう。神岡鉱山へはざっと五〇キロの行程である。かつて富山の放送局に勤務していた筆者は、一九六〇年代の終わりから一九七〇年代にかけて、神岡鉱山へ向かう神通川沿いのこの山道を取材のため何度往復したか記憶にないが、二〇回から三〇回近くにはなるだろう。

ニュートリノの研究でノーベル賞受賞者が出たスーパーカミオカンデをはじめ、ノーベル賞にゆかりのある人たちの故郷であることなどが縁で、今はノーベル街道の別名がついた国道四一号線をバスは南下していく。

富山市街地から、今は富山市の一部となった大沢野町辺りまで、神通川は静かに、そしてゆっくりと流れている。

神通川と立山連峰　　2016（平成28）年3月　鷹島荘一郎撮影

神通川の背景には美しい北アルプスの峰々が見える。やがて笹津あたりを過ぎると、両岸の山々が一気に急峻になり川幅はぐっと狭くなる。

神通川第三、第二ダムを横目に旧細入村（現・富山市）あたりは、ＪＲと国道四一号線が伴走し、ＪＲ猪谷（いのたに）駅を過ぎたところで神通川は二手に分かれる。ここが富山県と岐阜県の県境にあたり、一方が飛騨高山から神通川に合流する宮川、もう一方は焼岳から神岡鉱山の前を流れる高原川である。深緑色

岐阜県飛騨市神岡町　　2019（令和元）年10月　筆者撮影

神岡鉱山と神岡鉱業　　2019（令和元）年10月　筆者撮影

の神通川から上流の高原川が神岡に近づくと、流れは浅瀬に変わり、無数の石ころや岩が目立つ。一時間半ほどで、神岡に着いた。

イタイイタイ病の原因となったカドミウムは神岡鉱山から排出され、高原川から神通川に入り、農地の灌漑（かんがい）に用水を利用していた富山市や婦中町（現・富山市）、大沢野町（現・富山市）に毒水をもたらした。

こともあろうに、「神」が通る神通川に毒水が流された。それが日本の近代であった。毒水の源となった神岡鉱山は、明治維新以来、一体何をしてきたのか、忘れてならない神岡鉱山の歴史と記憶を辿ることから始めたい。

神岡は日本のほぼ中央部に位置する飛騨山中にある。神岡鉱山は一六世紀に銀山として開発が始まり、江戸時代には金・銀をはじめ銅・鉛の産出で活気を呈した。飛騨の山奥で小京都と呼ばれる高山という町が隆盛を極めたのも、それを支えた神岡鉱山の経済的裏打ちがあったからである。すなわち、幕府直轄領だった飛騨の高山代官所には、神岡鉱山産出の銀・鉛の製錬所があった。

神岡鉱山の位置　　永井真知子作成

『神岡鉱山史』は、諸国鉱山の開発として、次のように概説する。

一六世紀中期〜一七世紀前期は、日本の鉱業史上の画期をなすものであるが、これは戦国大名の領国支配から全国の政治的統一が成り、近世の幕藩体制が確立された時代に該当する。この鉱業史上の画期は、金・銀山の全国的開発と金・銀の大増産によって意味づけられる。銅山も一七世紀初期にはかなり開かれたようであるが、そのいちじるしい発展は一七世紀後期、寛文〜元禄において金・銀山の衰退と交替して現れる。鉛山も一七世紀にはいる頃から盛んになった。東北や北陸などで鉛山の開発が進むとともに、銀・銅山でも鉛の産出がみられた。しかし、鉛は一六世紀以来、軍用として、とくに江戸時代には金・銀製錬用として需要が増し、外国鉛が輸入されている。[1]

この記述で特に筆者は軍用として重用された鉛に注目したい。公害の歴史は資本主義の歴史でもあるといわれるが、資本主義生産体制が確立する以前の江戸時代に神岡鉱山からは早くも悪水が流れ出ていた。『神岡鉱山史料』によれば、例えば、一八一七(文化一四)年に、益田(ました)郡(岐阜県「飛騨国」にあった郡)大西村甚右衛門が銅鉱脈を発見し、和佐保(わさほ)村(現在の岐阜県飛騨市神岡町和佐保)に対して悪水に関する証文を取り交わした記録が残っている。[2]

幕末に銀を掘りつくしたのち、神岡鉱山は一時衰退するが、明治維新後は三井金属鉱業の前身である三井組が神岡に進出してから再び活気を取り戻し始めた。三井組をはじめとする三井財閥は江戸時代、呉服商と両替商を主たる業務としていたが、明治維新の時代の変化についていけなかった多くの豪商が没落したのに比べ、政商としての資力を発揮し急速に膨張していった。

明治黎明期にあっては、三井をはじめとし、住友・三菱・安田・古河などの財閥が、政治権力と密着し文字通り政商として政府を支えた。特に三井は、新政府への財政的援助を惜しまず、政府要人である薩長閥族と深い関係にあった。三井の事業は三井銀行と三井物産に始まり、国家が決定する国家政策、いわゆる国策と歩を一にすることにあった。

国策の重要課題は、産業を近代化するための殖産興業であり、国民皆兵の近代的な軍隊を作ることであった。中でも近代国家建設をめざす新政府はこれらの国

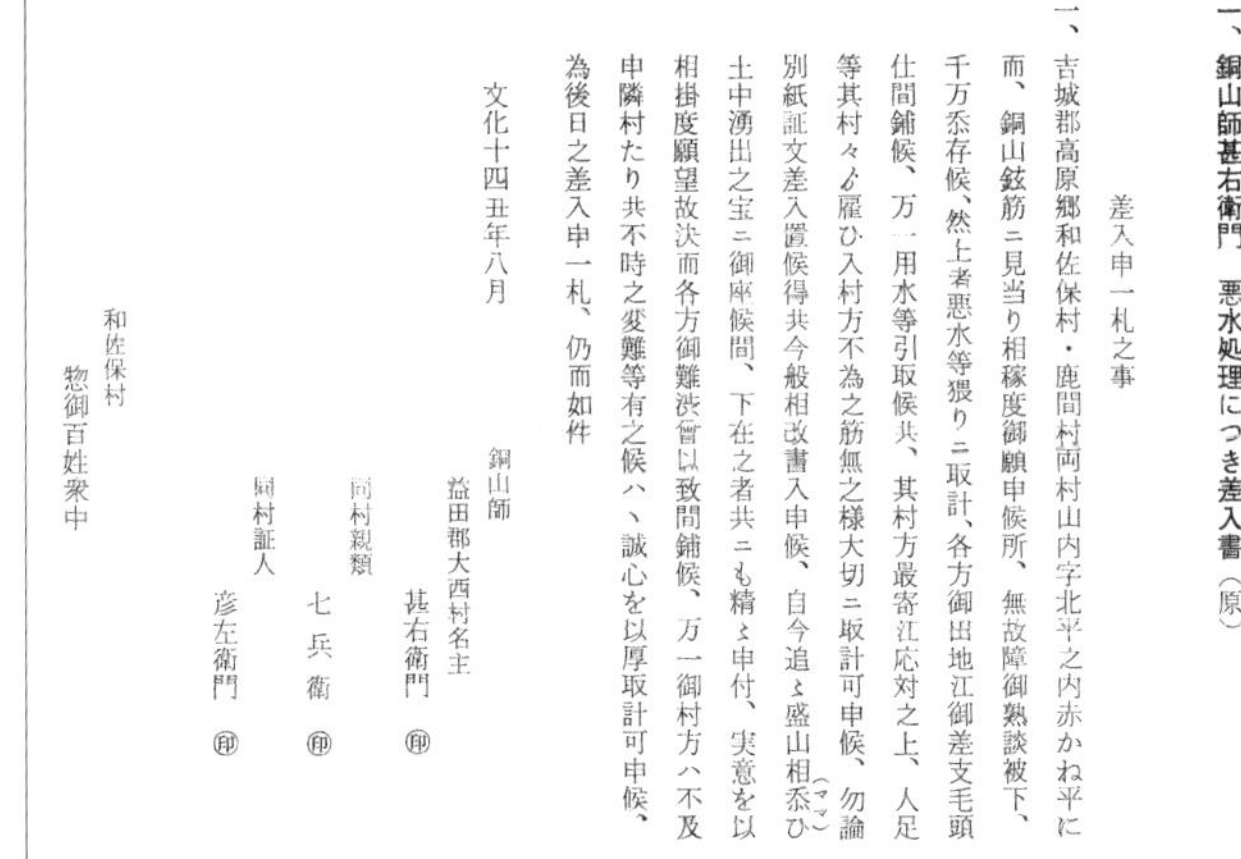
小林文書

神岡町大字和佐保　小林秋平氏所蔵

一、銅山師甚右衛門　悪水処理につき差入書（原）

差入申一札之事

一、吉城郡高原郷和佐保村・鹿間村両村山内字北平之内赤かね平に而、銅山鉉筋ニ見当り相稼度御願申候所、無故障御熟談被下、千万忝存候、然上者悪水等猥りニ取計、各方御田地江御差支毛頭仕間鋪候、万一用水等引取候共、其村方最寄江応対之上、人足等其村々ゟ雇ひ入村方不為之筋無之様大切ニ取計可申候、勿論別紙証文差入置候得共今般相改書入申候、自今追ゝ盛山相忝ひ（ママ）土中湧出之宝ニ御座候間、下在之者共ニも精ゝ申付、実意を以相掛度願望故決而各方御難渋留以致間鋪候、万一御村方ハ不及申隣村たり共不時之変難等有之候ハヽ、誠心を以厚取計可申候、為後日之差入申一札、仍而如件

文化十四丑年八月

銅山師
益田郡大西村名主
甚右衛門　㊞

同村親類
七兵衛　㊞

同村証人
彦左衛門　㊞

和佐保村
惣御百姓衆中

銅山師甚右衛門　悪水処理につき差入書（小林文書）

出所：三井金属鉱業株式会社修史委員会『神岡鉱山史料』三井金属鉱業株式会社、1970

策に関わる鉱業政策を重視した。

神岡には江戸時代から小規模の鉱山が点在していた。明治の初め、一旦、鉱山を政府のものとする官収となったが、重要鉱山は相次いで民間に払い下げられ、その多くを財閥資本が担うことになった。特に明治の元勲の一人であった井上馨（かおる）（一八三五―一九一五）は、維新後、事実上の大蔵省長官や外務大臣として三井家を援助し、三井家顧問として神岡鉱山の育成に大きな役割を果たした。井上は一八六九（明治二）年、大蔵省に入省、造幣局の責任者として大阪で勤務していたが、伊藤博文や大隈重信の後を受けて、大蔵省の実権を掌握することになり、一八七〇（明治三）年末頃から、明治新政府の財政・金融政策を主導する立場になっていた。[3]

井上馨（1835－1915）
出所：井上馨候伝記編纂会編『世外（せがい）井上公伝』1968

一八七一（明治四）年、岩倉具視（ともみ）の一行が渡欧する歓送会の宴席で、西郷隆盛が井上馨に「三井の番頭どん、一ぱいどぎゃんでごわす」といって盃をさしたという伝説もある。[4]

ところで江戸時代に銀山として開発が始まった神岡鉱山は、明治に入り、一八八九（明治二二）年、三井組が神岡鉱山全山の鉱業権を取得するまでに、銀以外に銅・鉛が主流となった。一八八六（明治一九）年下期から一八九〇（明治二三）年上期までの銀・銅・鉛の生産高（**表1―1**）をみてみよう。一部不明となっている部分もあるが、銅・鉛の生産が多くなっている。

ここで特に後述する神岡鉱山からの鉱毒、とりわけイタイイタイ病に結びつくカドミウムと亜鉛、鉛の関係について説明しておきたい（**図1―1**参照）。

鉱業としての亜鉛の歴史は比較的新しい。亜鉛が日本で採取されるようになったのは、一九〇三（明治三六）年頃からで、のちに述べるが、神岡鉱山での本格的な亜鉛採取は一九〇六（明治三九）年からである。

まず、亜鉛と他鉱石の関係であるが、亜鉛鉱石と鉛鉱石は相伴って産出するので、亜鉛鉱山はすなわち鉛鉱山と考えてよい。

表1－1
神岡鉱山における銀・銅・鉛の生産高　1886（明治19）年下期~1890（明治23）年上期（単位：貫）

	期別	原鉱石	銀	銅	鉛
1886（明治19）	下期	?	79.203	8 845.390	?
1887（明治20）	上期	?	203.559	14 090.105	?
	下期	?	257.250	6 732.230	160.160
1888（明治21）	上期	1 993 769	474.000	14 285.250	18 294.330
	下期	2 422 733	484.150	20 784.340	32 119.270
1889（明治22）	上期	2 311 450	355.871	11 597.340	27 199.600
	下期	2 141 105	400.065	12 457.970	32 617.680
1890（明治23）	上期	?	488.740	12 931.620	28 831.240

出所：三井金属鉱業株式会社修史委員会『神岡鉱山史』三井金属鉱業株式会社、1970

もちろん鉛以外に黄銅鉱や金・銀などを随伴する鉱石も多い。一般的には、鉛のほぼ八〇%は亜鉛鉱を伴って産出し、亜鉛の約二五%は他鉱種に随伴する。日本の亜鉛鉱山は閃亜鉛鉱が主であり、その鉱物の主成分は、亜鉛と硫黄で、カドミウムはその中に少量存在する。普通の閃亜鉛鉱は、選鉱して

銅(3%)鉛(30%)亜鉛(35%)鉱石(神岡鉱山・栃洞坑)
出所:鉱山資料館(飛騨市神岡町) 筆者撮影

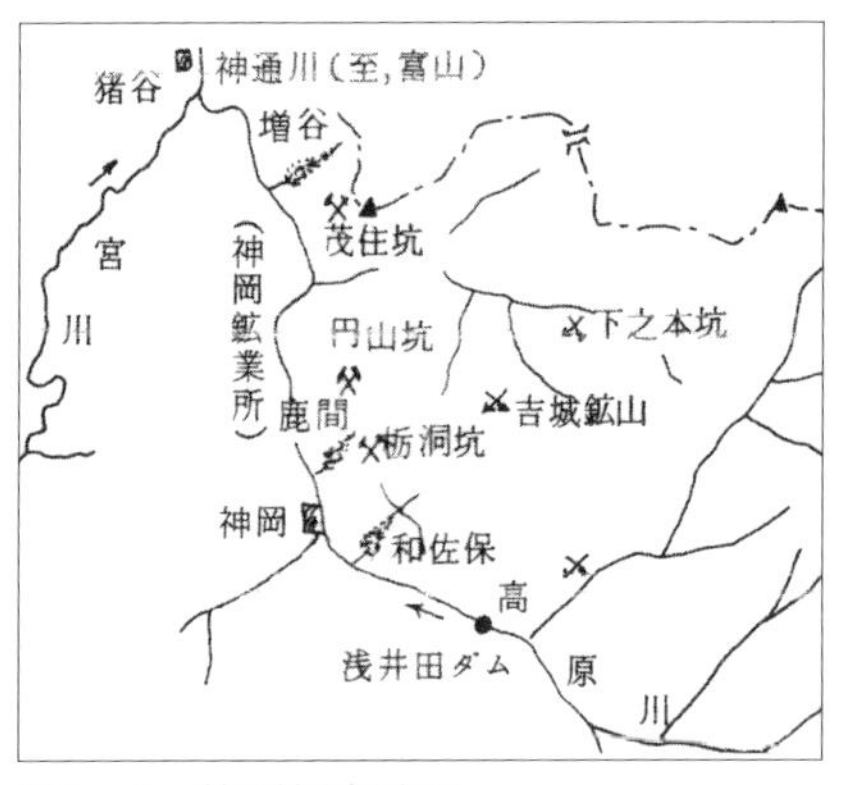

図1－1 神岡鉱山概略図

出所:神通川流域カドミウム被害団体連絡協議会委託研究班『イタイイタイ病裁判後の神岡鉱山における発生源対策』1978から作成

岩石分を除いた亜鉛精鉱にすると大体、五〇%~六〇%が亜鉛分、約三〇%が硫黄分といわれる。カドミウムの含有量は一般的には一%である。神岡鉱山では亜鉛の二〇〇分の一のカドミウム含有量であった。

亜鉛の特性として最も重要なのは「犠牲防食効果」である。例えば、亜鉛メッキ鋼板として鋼材の防食に用いられるほか、真鍮（しんちゅう）などの合金材料にもなるので、鉛とともに武器製造に役立てられた。カドミウムを随伴する亜鉛は、鉛と混在するので、明治期、亜鉛を輸出するようになるまでは、邪魔者として廃棄されていた。亜鉛が廃棄されるということは、つまり亜鉛に随伴するカドミウムも廃棄されていたことになる。

カドミウムは現在では、電池や顔料、メッキなどに使われているが、長い間、その用途が発見されなかったために廃滓（はいさい）として捨てられてきた。工業用途としてカドミウムの生産を始めたのは、神岡では、一九四四（昭和一九）年頃である。

整理すれば、後にイタイイタイ病の原因としての存在が明らかになるカドミウムは、亜鉛に含有し、その亜鉛は鉛と混在するのであるから、鉛の生産高が多くなるというのは必然的に鉱毒への影響が増すことになる。

神岡鉱山鹿間谷工場全景　1903（明治36）年
出所：三井金属鉱業株式会社『神岡鉱山写真史』1975

三井と神岡鉱山

ところで日本における近代鉱山業の発展に話を戻すが、明治政府の政策的援助を受けながら日本の鉱山業は、殖産興業に対応する石炭業が先頭で、やがて非鉄金属産業にも比重をおいていく。明治初年の官収による重要鉱山は前述したように、特定の民間企業に順次払い下げられ、のちの財閥形成を強固なものにしていく。神岡鉱山の経営に乗り出していった三井はその典型例である。

では、そもそも三井と神岡鉱山の関係はどのように進んでいったのかをみてみよう。前述したように、三井財閥は一八七六(明治九)年の三井銀行創立と、その年に設立された三井物産が原動力となり、政府と一体となっていたが、政府と三井物産との間に、官営三池炭鉱の石炭販売委任契約が結ばれ、創立の年の一〇月より石炭の販売を開始した。三井物産は一八七七(明治一〇)年にまず上海に支店を開設、以後、香港・パリ・ニューヨーク・ロンドンに支店網を拡充(図1―2参照)し、日本の対外進出を国家に先駆けて行った。

そして、官営鉱山の払い下げが始まった一八八八(明治二一)年、三井組は金四五五万五〇〇〇円の落札価格をもって、当時、官営であった三池炭鉱の払い下げを受け、翌一八八九(明治二二)年一月から「三井三池炭鉱社」としての石炭採掘を開始した。[5] 当時の三池炭鉱の労働人員の構成は、一般民間人の鉱夫が九五九人、受刑者の鉱夫が二一四四人、計三一〇三人であった。民間企業体である三井三池炭鉱社がそのまま受刑者を使役することは制度上不可能であったが、三井組が政府に願い出て許可された。[6]

このようにして、神岡鉱山での金属採掘の経験しかなかった三井組が全面的に三池炭鉱という石炭

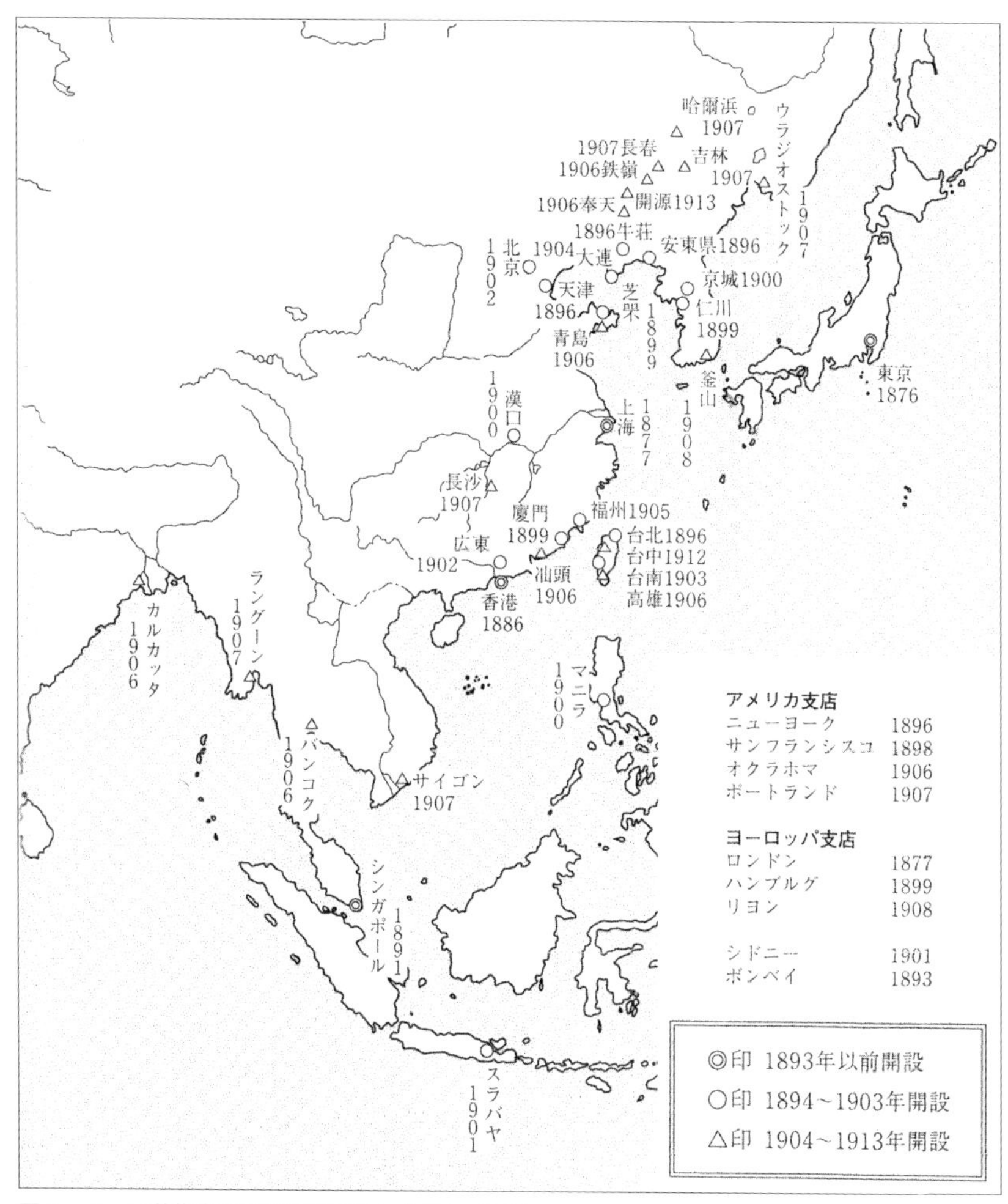

図１－２　三井物産海外支店網の拡大（1896－1913）

出所：坂本雅子『財閥と帝国主義』ミネルヴァ書房、2003

鉱山の経営を行うことになった。

一方で三井組は、一八八九（明治二二）年に、神岡鉱山全山の鉱業権を取得した。三井組が組織した三井三池炭鉱社は、三池炭鉱の石炭業と神岡鉱山の非鉄金属業を合わせて経営することになった。

一八九二（明治二五）年、三井三池炭鉱社は、三井鉱山合資会社を設立、さらに一八九三（明治二六）年、三井鉱山合資会社は、三井鉱山合名会社となった。当時は、三井鉱山の経営面では、鉄鋼業が主流であった関係から石炭産業が大きな位置を占めており、神岡と三池では、鉱夫数なども圧倒的に三池が多かった。

いずれにしても三井鉱山の本格始動で、銀行資本の三井銀行、商業資本の三井物産、鉱山業の三井鉱山という、まさに政商型財閥ができあがり、明治政府と一体となった国策推進に邁進（まいしん）していくのである。

明治政府による鉱山業の育成にあたって、法的な整備が少しずつ進められていく。明治維新以来の日本の鉱山政策の大きな特徴の一つは、全国の鉱山（鉱物）に対する所有権は新政府にあるとし、鉱物の所有権は土地所有者に帰属するものではないとしたことである。

つまり新政府の鉱業法制は土地所有者主義ではなく、鉱業権主義を採用したことが最大の特徴であろう。日本では一八七二（明治五）年制定の「鉱山心得」以来、今日まで、鉱物は土地所有と分離し、全ての鉱物は政府が所有する、いわゆる「鉱山王有制」の立場をとっている。それゆえ、国内で鉱業を営む場合は必ず政府により「鉱業権」を認可されなければならない。明治以前の鉱山も幕府や各藩が領有（王有）していたので、新政府もそれをまとめる鉱山王有制の立場をとり、一八七〇（明治三）年、政府に設置された工部省が、鉄道や製鉄などとともに、鉱山も統括することになった。もう一つの大きな特徴として鉱山官営政策の上で、工部省よりも大蔵省が主導した点をあげておきたい。日本の鉱業法制に関する、唯一といってよい体系的研究である『鉱業権の研究』は次のように述べる。

鉱山心得書の頒布された頃（引用者注：一八七二・明治五年）、政府所有の鉱山としては、二〜三の山を数える状態であった。しかるに明治六（一八七三）年一月、既存の鉱山一〇ヵ所余りをえらんで官坑とし、政府の手により積極的に経営すべしとする建議が、大蔵省より提出された。この建議は直ちに正院（引用者注：一八七一年の廃藩置県後に発布された太政官職制の最高機関）の允裁（引用者注：聴きとどけること）をうけ実施に移されることとなった。ここに明治初期の鉱業史を強く特徴づける官山稼行の時代が大きく開花するに至ったのである。[7]

当時の大蔵大輔（太政官制下における大蔵省の次官職。その職掌は大蔵卿の補佐・代理であったが、その権限は大蔵卿と同等）は前述した井上馨であった。いずれにしても当初、海外市場で人気のあった銅をはじめ、明治新政府にとって財政基盤確立のための貨幣制度確立を目的に、大蔵省が主導し鉱山官営政策が拡充されていった。まさに鉱業は、他の産業との関連も含めて、国策として重視されたのである。

明治政府の鉱山政策

鉱山政策の法的整備過程を簡単に述べると、まず一八七二（明治五）年、鉱山王有権の宣言と外国人を排除した本国人主義の宣言が軸となった「鉱山心得書」が作られた。そして翌年一八七三（明治六）年、わが国初の統一的鉱業法典となる「日本坑法」が頒布された。

「日本坑法」のポイントは、鉱物を土地所有者の範囲より除外する、いわゆる鉱業権主義の原則を述べたもので、「鉱山心得書」と「日本坑法」により、日本の鉱業法制の骨格が作られた。また「日本坑法」は、鉱業人と国との関係に関する規律を盛り込んだが、そもそも民間の鉱山を法の対象とした「日本坑法」とはいえ、官営鉱山も民間鉱山も結局は政府の王有権の対象なので、わかりやすく言えば、全ての鉱山は政府の所有物だった。

そこで民間の鉱業人が鉱業を経営しようとした場合は政府に許可を求めるが、この鉱業出願の採否の決定も一に政府の自由な裁量に委ねられており、政府は自由に、諸種の事情を考慮して採否を決定できた。[8] その意味で政府に貢献度が高い三井財閥は、有力な政府要人とのパイプを通じて、鉱山業に進出することが容易であった。

さて、明治一〇年代は、明治政府の殖産興業政策により、政府による鉱山業の直接的な保護が中心であったが、産業政策は次第に間接的保護に移行しつつあり、鉱山業でも官業払い下げが実現していく。

この時代の流れに合わせて、「日本坑法」の見直しが始まり、一八九〇（明治二三）年、新しい鉱山政策である「鉱業条例」が公布、二年後の一八九二（明治二五）年、施行された。「日本坑法」は一八七三（明治六）年から一八九二（明治二五）年、「鉱業条例」が施行されるまで存続した。そして「鉱業条例」の公布から施行までの間に、一八九一（明治二四）年には、「鉱山監督署官制」、一八九二（明治二五）年には「鉱山条例施行細則」と「鉱業警察規則」も同時に公布された。

新しい「鉱業条例」は、簡単にいえば、それまでの鉱業の国家専横主義を鉱業自由主義に改めて、一定の条件のもとに、平等に私人に対して鉱業の経営を許可することにしたものである。

『続神岡鉱山史草稿　その二』では、「日本坑法」から「鉱業条例」への転換において次のような大きな転換点を指摘する。

> 国の鉱業に対しても「鉱業条例」が適用されることとなり、「日本坑法」の下では官営鉱山がその適用を受けなかった点とは根本的に相違する。官坑民坑の区別の廃止は、当然に鉱山王有制の廃止を意味する。（中略）
>
> 採掘についてみれば、まず従来「日本坑法」では借区年限が一五年とされていたが、「鉱業条例」による採掘権は永久の権利とした。ついで、出願手続きについては鉱区図の同時提出が不可能な場合、五〇日の猶予期間が認められた。いわば「先願主義」の徹底といえよう。さらに鉱物に対する鉱業人の所有権と処分の自由が認められ、いわば私的財産権の側面が伸長されることとなった。[9]

「鉱業条例」は、「鉱業法」が一九〇五（昭和三八）年に公布されるまで一五年間存続し、鉱山政策の基本となった。

ところで「鉱業条例」第五章にも取り入れられたが、条例施行前に公布された「鉱業警察」に少し触れておきたい。というのも、こういった内容はそれまでなかったもので、のちの鉱害、あるいは公害概念に関連するからである。

それによると、「鉱業警察」は、①坑内及鉱業ニ関スル建築物ノ保安②鉱夫ノ生命及衛生上ノ保護③地表ノ安全及公益ノ保護[10]を内容としている。

「鉱業条例」施行前に公布された「鉱業警察規則」では、さらに詳しく次のように定めている。

「危険ノ虞アル」ないしは「公益ヲ害ス」る場合は、鉱業人に対して、予防または鉱業の停止を命ずることができる。ここでいう前者の「危険ノ虞アル」とは「汽缶（引用者注：ボイラーのこと）ノ破損鉱夫ノ昇降ニ供スル器械若クハ装置ノ安全ナラザルコト、炭山ニ於テ瓦斯発生ノ虞アル所ニ於テ普通ノ燈火ヲ用ユル等ノ類」を意味し、後者の「公益ヲ害ス」るとは、「公共ノ安寧ヲ害スル場合ヲ云フモノニシテ飲料水源ニ流毒スルカ如キ国土保安林ニ煙害ヲ及ホスカ如キ」を意味するものといわれている。[11]

実は一八九二（明治二五）年に初めて取り入れられた「鉱業警察規則」の背景には、一八八四（明治一七）年頃から始まった足尾銅山周辺の山々の煙害や渡良瀬川の魚類の被害など足尾鉱毒の被害の影響などがあるといわれる。

足尾鉱毒事件とは足尾銅山から排出される鉱滓・鉱毒が渡良瀬川に流入し、沿岸の群馬、栃木、茨

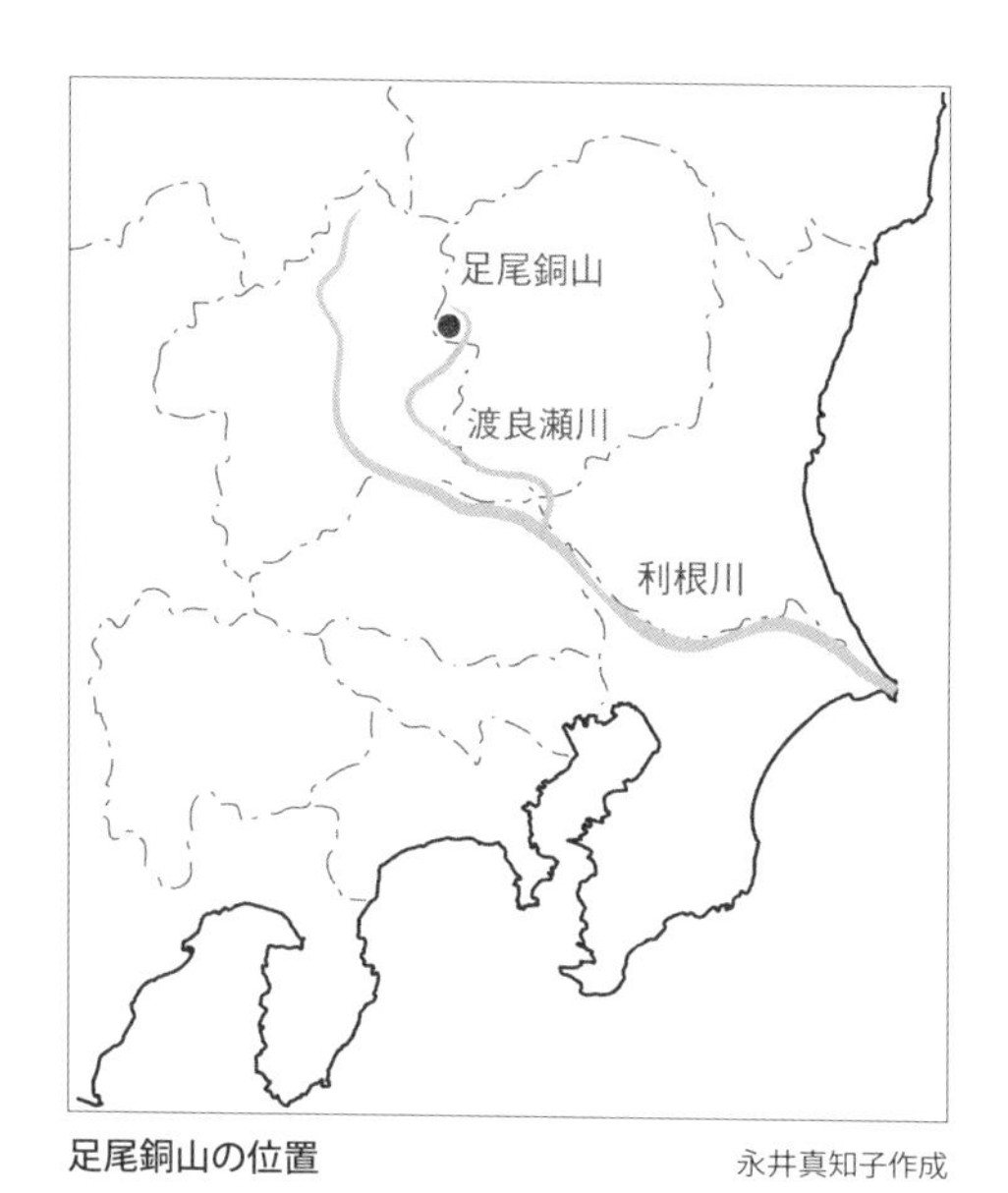

足尾銅山の位置　永井真知子作成

渡良瀬川　2017（平成29）年8月　筆者撮影

城、埼玉の四県で大きな被害を出したものである。足尾銅山製錬所が操業を開始したのは、三井組が神岡鉱山に進出した一八七四（明治七）年の三年後、一八七七（明治一〇）年であるが、それからほどなくして一八八五（明治一八）年八月の『朝野新聞』に渡良瀬川の鮎の被害が記事となって登場した。

> 香魚皆無　栃木県足利町の南方を流るゝ渡良瀬川は、如何なる故にや春来、魚少なく、人々不審に思ひ居りしに、本月六日より七日に至り、夥多の香魚は悉く疲労して遊泳する能はず、或は深渕に潜み或は浅瀬に浮び又は死して流るゝもの尠なからず、人々争ひて之を得むとて網又は狭網（さで）を用ひ之を捕へ多きは一、二貫目少なきも、数百尾を下らず小児と雖ども数十尾を捕ふるに至り、漁業者は之を見て今年は最早是にて鮎漁は皆無ならんと嘆息し居れり、斯ることは当地に於て未曾有のことなれば、人々皆足尾銅山より丹礬（たんばん）の気の流出せしに因るならんと評し合へりとぞ。[12]

丹礬（たんばん）とは銅山から出る硫酸塩鉱物のことである。足尾の場合は銅山の操業を始めてほどなく煙害や鮎大量死などの被害が農民によって報告された。極めて対照的なのは、足尾の鉱毒被害が直ちに顕在化したのに比べて、神岡の場合はむしろ被害が潜在化したことである。

　このような鉱毒被害、つまり鉱害はどのような生産過程で発生するのか、概観しておきたい。金属鉱物の採取に携わる金属鉱業の生産工程は、採鉱・選鉱・製錬の三工程に大別できる。採鉱は文字通り、地下の金属資源を採掘するもので、採掘した鉱石を選別したり、品位を高めるのが次の段階の選鉱である。そして選鉱された鉱石からさらに不純物を取り除き、加工用の地金をつくるのが製錬とい

○香魚皆無　栃木縣足利町の南方を流るゝ渡良瀬川は如何なる故にや春來香魚少なく人々不審に思ひ居りしに本月六日より七日に至り夥多の香魚は悉く疲勞して游泳する能はず或は深淵に潜み或は淺瀬に浮び又は死して流るゝも尠なからざれば人々爭ひて之を得むとて網又は狹(さ)手網を用ひて之を捕へ多きは一二貫目少なきも數百尾に下らざ小兒と雖ども數十尾を捕ふるに至り漁業者は之を見て今年は最早是れにて鮎漁は皆無ならんと嘆息し居れり斯るとは當地に於て未曾有のことなれば人々皆足尾銅山より丹礬の氣の流出せしに因るならんと評し合へりとぞ

1885（明治18）年8月12日付け『朝野新聞』

うことになる。この生産過程で廃物から鉱害が発生するのである。「鉱害」という言葉と「公害」という言葉の使い方はまぎらわしいが、ここではとりあえず鉱業活動から直接発生するという意味で「鉱害」という言葉を使いたい。なお、「公害」という用語の歴史については第六章で詳述するが、明治の終わり頃に、公益に反するという意味で「公害」という言葉が使われはじめた。しかし、大正時代には使われなくなり、太平洋戦争後、民主主義の理念への理解が進み、人権の尊重が戦後の日本に定着し始めた頃、すなわち一九五五（昭和三〇）年頃に「公害」という言葉が復活している。

鉱石の廃物からどのような過程で鉱毒が発生するのか『三井資本とイタイイタイ病』から引用する。

図1―3にあるように、三つの生産過程から排出される廃物は、河川・土壌・大気などを汚染し、植物・魚類などの動物への被害、そして人間被害へと至る。

神岡鉱山で煙害激化

三井組は一八八九（明治二二）年の全山統一後、選鉱や製錬部門に西欧の新技術を取り入れ、生産量を増大させた頃から硫黄分の多い大量の鉱石の焙焼により、粉塵煙を排出し、煙害が激化し始めた。一八九二（明治二五）年九月一八付けの『岐阜日日新聞』は次のように報じている。

> 三井組がさきに工場を現今の場所に移転して以来彼れが使役する職工等は其の工場に設置せる機関運転の為め区民が灌漑に飲料に使用する用水を壅止し直接に区民へ障害を与ふるのみならず工場の烟突より噴出する鉱毒の散布して田水及び飲料水に混入し被害尠なからざる……（中略）……同工場に接近する数十百町歩の山林は四時赭色を呈し区民が本年飼養せし蚕児の如きは桑葉を食する毎に斃れ高原川沿岸の漁業は年毎に減少し其他些少の被害は枚挙にいとまあらざる[13]……（後略）……

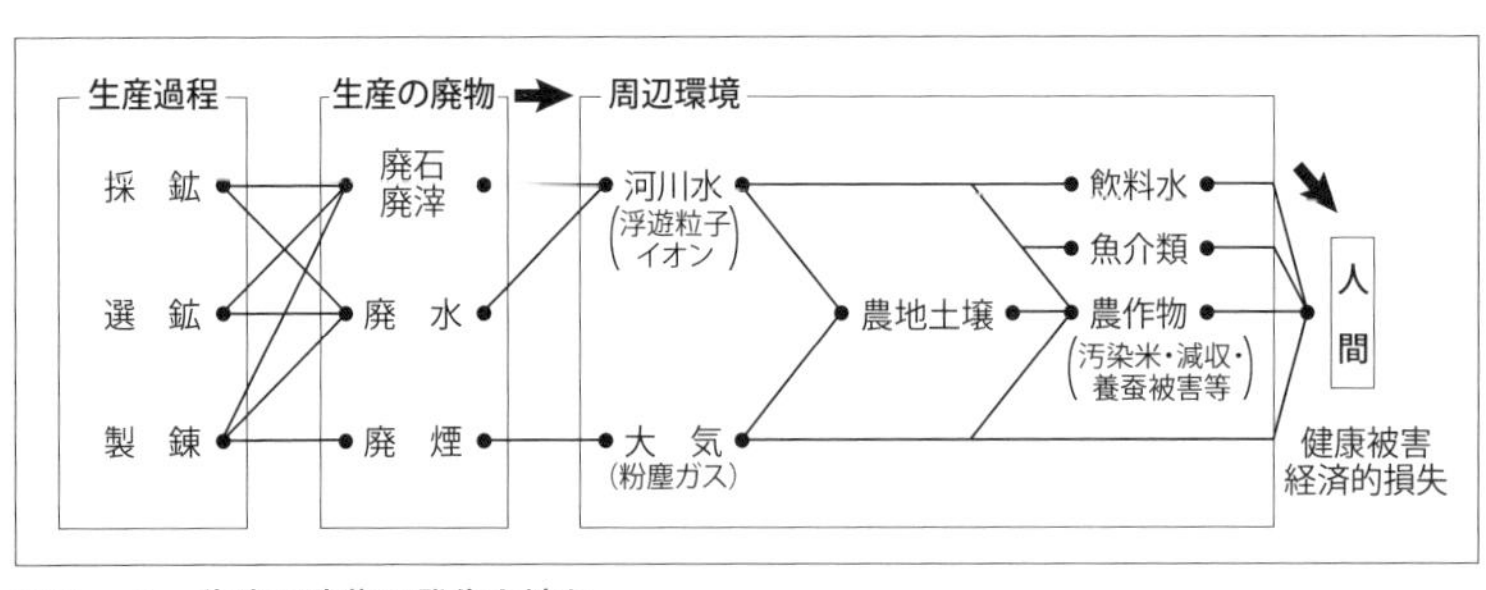

図1－3　生産の廃物の発生と流れ

出所：倉知三夫・利根川治夫・畑明郎編『三井資本とイタイイタイ病』大月書店、1979

●鑛業上よりの被害　飛州吉城郡船津鹿間區に於ては近來鑛業上に關する被害尠なからざるより目下同區民は當初の契約に基き三井組へ向つて右害毒防止方實行の談判をなし居るとの事は去る七日の本紙上に掲載せしが尚ほ其の詳細を得たれば茲に記さん抑も三井組が嚮きに工場を現今の場所に移轉して以來彼れが使役する職工等は其の工場に設備せる機關運轉の爲め區民が灌漑に飲料に使用する用水を壅止し直接に區民へ障害を與ふるのみならず工場の煙突より噴出する鑛滓の散布して田水及び飲用水に混入し被害尠からざるを以つて同區民は當初の契約に基き之れが防止方を監理者に迫るも彼れは他に良好なる防止の方法なきに付き被害部分の土地を買入れ又は借入るべしとて極めて低價の申込をなし荏苒時日を經過するものゝ如し且つ同工場に接近する數十百町歩の山林は四時赭色を呈し區民が本年飼養せし蠶兒の如きは桑葉を食する毎に斃れ高原川沿岸の漁業は年毎ゝ減少し其他些少の被害は枚擧に遑あらざるも差し向き用水、飲料水に係る被害を防止せん爲め水路に板を以つて蓋をなさんことを要求せしに單に承諾せしのみにて未だ着手せず加之ならず鹿間橋架區民に取り不便なるを以つて其の上流に假橋をば設し常に通行なし居たるに此頃徹夜の如く職夫体の者數名來りて右假橋の橋板を撤し或は橋詰を破壞するより或夜其の惡漢を捕へ詰問したるに三井組の工場に使役され居る旨を答へたりとか、又た去る九日の朝該組員某は同區民に向ひ去る七日岐阜日々新聞に記載せし「鑛毒防止方の談判」と題する記事は事實相違に付き取消を申込む積りなりと云ひたるより區民は其は我々の敢へて與り知る所にあらず唯だ我々は該記事の事實なることを證明するのみと答へしかば某は默して去りたりとか

1892（明治25）年9月18日付け『岐阜日日新聞』

この記事は「鉱業条例」施行直後の記事である。すでに神岡鉱山での煙害は、激化しはじめていた。ちょうどこの年、一八九二（明治二五）年は、官業払下げによる三池炭鉱を中心に、神岡鉱山ほかを含め、前述したように三井合資会社が設立された年である。

近代日本初の対外戦争　日清戦争

「殖産興業」とともに明治近代化のもうひとつの柱である「富国強兵」策のもとに、日本は、一八九四（明治二七）年の日清戦争を迎えようとしていた。日清戦争は日本の近代において初めて経験した本格的な対外戦争である。一八九四（明治二七）年夏、日本は清との間で朝鮮に対する支配権をめぐって戦いを始めた。日本は前述したように、欧米の先進技術を取り入れながら産業の近代化を急ぐ一方、軍事力を増強すべく、富国強兵策を進めていたが、明治維新や西南戦争などでの実戦経験を活かし清国を圧倒した。

この日清戦争に日本軍の手足となって全面的に協力したのが三井物産である。とにかく三井財閥は、明治新政府に最初から力を貸し、国家政策と一体となった動きで利権を獲得しようとしていたから、日清戦争では文字通り尖兵となって、三井物産が持っていた「所有船六隻を政府に軍用として提供するとともにドイツ、オランダ等の貨物船二〇隻を傭船して軍用に提供し、軍需品の輸送に全力を傾注した[14]」。

なぜ朝鮮の支配権をめぐって日清戦争に発展したのか、その経緯は複雑なので簡単に述べる。日清

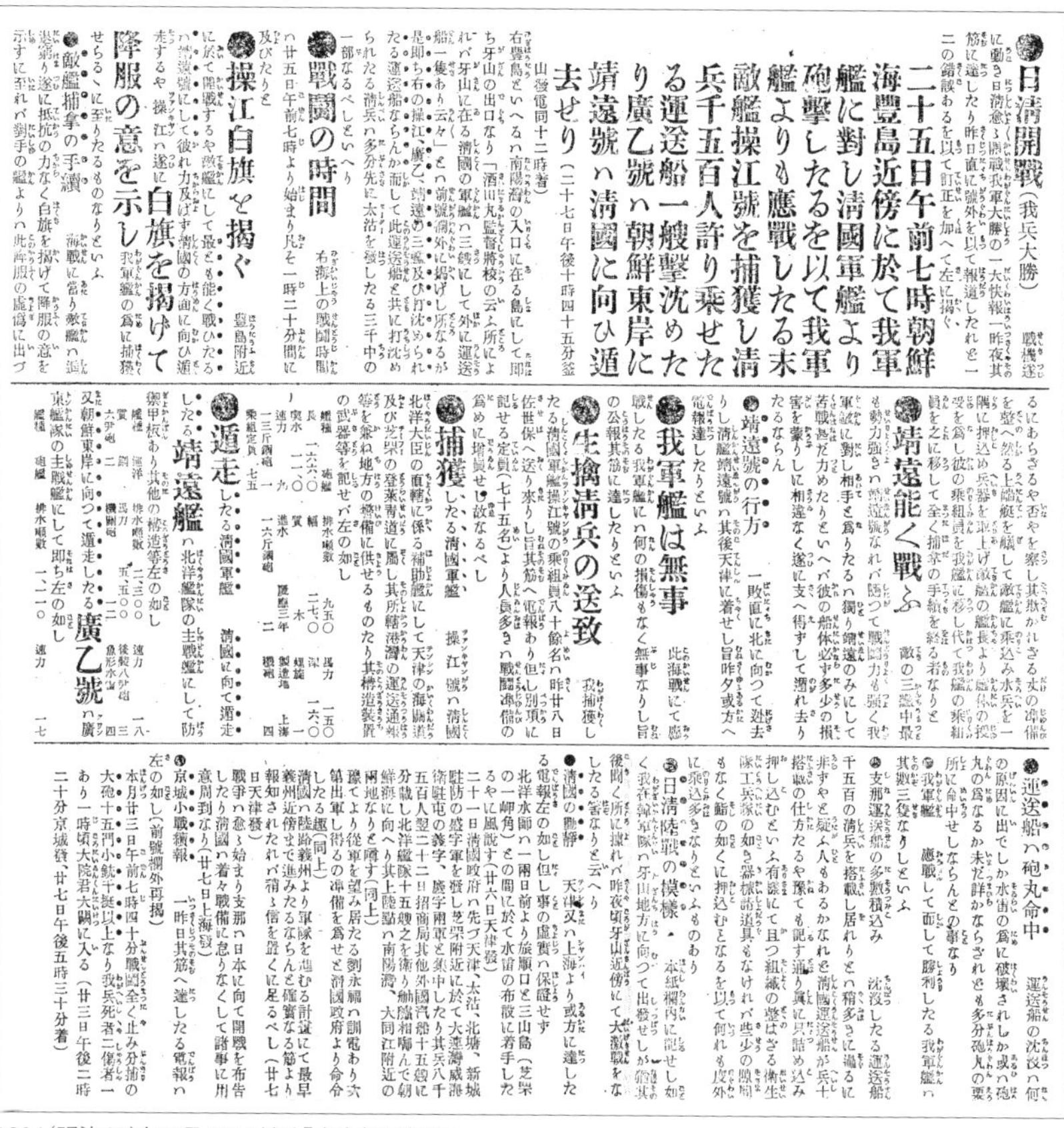

日清開戰（我兵大勝）

戰機遂に動き日清愈ゝ開戰我軍大勝の一大快報一昨夜其筋に達したり昨日直に號外を以て報道したれど一二の錯誤あるを以て訂正を加へて左に掲ぐ

二十五日午前七時朝鮮海豐島近傍に於て我軍艦に對し清國軍艦より砲撃したるを以て我軍艦よりも應戰したる末敵艦操江號を捕獲し清兵千五百人許り乘せたる運送船一艘撃沈めたり廣乙號は朝鮮東岸に靖遠號は清國に向ひ遁去せり

（二十七日午後十時四十五分釜山發電同十二時着）

右豐島といへるは南陽灣の入口に在る島にして即ち牙山の出口なり「酒田丸監督將校の云ふ所によれば牙山に在る清國の軍艦は三艘にして外に運送船一隻あり云々」とは前號欄外に掲げし所なるが是即ち右の操江、廣乙、靖遠の三艦及び打沈められたる運送船ならんか而して此運送船と共に打沈められたる清兵は多分先に太沽を發したる三千中の一部なるべしといへり

戰鬪の時間

右海上の戰鬪時間は廿五日午前七時より始まり凡そ一時二十分間に及びたりと

操江白旗を掲ぐ

豐島附近に於て開戰するや敵艦にして最とも能く戰ひたるは濟遠號にして彼れ力及ばず清國の方面に向ひ遁走するや操江は遂に白旗を掲げて降服の意を示し我軍艦の爲に捕獲せらるゝに至りたるものなりといふ

敵艦捕拿の手續

海戰に當り敵艦は遁退窮り遂に抵抗の力なく白旗を掲げて降服の意を示すに至れば對手の艦よりは此降服の虛僞に出づるにあらざるや否やを察し其欺かれざる丈の準備を整へ然る上端艇を艤して敵艦に乘込み水兵を一隅に押込め兵器を取上げ敵の艦長より艦体の授受を爲し彼の乘組員を我艦に移し代て我艦の乘組員を之に移して全く捕拿の手續を終る者なりとぞ

靖遠能く戰ふ

敵の三艦中最も勢力強きは靖遠號なれば隨つて戰鬪力も強く我軍艦に對し相手と爲りたるは獨り靖遠のみにして苦戰甚だ力めたりといへば彼の船体必ず多少の損害を蒙りしに相違なく遂に支へ得ずして遁れ去りたるならん

靖遠號の行方

一敗直に北に向つて逃去りし清艦靖遠號は其後天津に着せし旨昨夕或方へ電報達したりといふ

我軍艦は無事

此海戰にて應戰したる我軍艦には何の損傷もなく無事なりし旨の公報其筋に達したりといふ

生擒清兵の送致

我捕獲したる清國軍艦操江號の乘組員八十餘名は昨廿八日佐世保へ送り來りし旨其筋へ電報あり但し別項に記せる定員（七十五名）より人員多きは戰鬪準備の爲めに增員せし故なるべし

捕獲したる清國軍艦

操江號は清國北洋大臣の直轄に係る補助艦にして天津の海關道及び芝罘の登萊青道に屬し其所轄港灣の運送通報等を兼ね地方の警備に供せるものたり其構造裝置の武器等を記せば左の如し

艦種	砲艦	排水噸數	九五〇	馬力	一五〇
長	一六六、〇	幅	二七、〇	深	一六、〇
喫水	一一、〇	質	木	螺旋	一
速力	九	進水	慶應三年	製造場	上海
一三斤鋼砲	一	一六斤鋼砲	二	機砲	四
乘組定員	七五				

遁走したる清國軍艦

清國に向て遁走したる靖遠艦は北洋艦隊の主戰艦にして防禦甲板あり其他の構造等左の如し

艦種	巡洋	排水噸數	二、三〇〇	速力	一八-
質	鋼	馬力	五、五〇〇	後裝八吋砲	三
六吋砲	二	機關砲	一二	魚形水雷	四

又朝鮮東岸に向つて遁走したる廣乙號は廣東艦隊の主戰艦にして即ち左の如し

艦種	砲艦	排水噸數	一、一一〇	速力	一七

運送船は砲丸命中

運送船の沈沒は何の原因に出でしか水雷の爲に破壞されしか或は砲丸の爲なるか未だ詳かならざれども多分砲丸の要所に命中せしならんとの事なり

我軍艦

應戰して而して勝利したる我軍艦は其數三隻なりしといふ

支那運送船の多數積込み

沈沒したる運送船に千五百の清兵を搭載し居れりとは稍多きに過るに非ずやと疑ふ人もあるかなれど清國運送船が兵士搭載の仕方たるや豫ても記す通り眞に只詰め込み押し込むといふ有樣にて且つ組織の整はざる衛生隊工兵隊の如き器械諸道具もなければ些少の隙間もなく鮨の如くに押込むとなるを以て何れも度外に乘込多きなりといふものあり

日清陸戰の模樣

本紙欄内に記せし如く我在韓軍隊は牙山地方に向つて出發せしが其後聞く所に據れば昨夜頃牙山近傍にて大激戰をなしたる筈なりと云へり

清國の動靜

天津又は上海より或方に達したる電報左の如し但し事の虛實は保證せず

北洋水師は一兩日前より旅順口と三山島（芝罘の一岬角）との間に於て水雷の布設に着手したるやに風說す（廿六日天津發）

二十一日清國政府は先づ天津、太沽、北塘、新城駐防の盛字軍を發し芝罘附近に於て大連灣威海衛駐屯の義字、廣字兩軍と集中したり其兵八千五百人翌二十二日招商局其他外國汽船十五艘に分載し北洋艦隊十五艘之を衛り舳艫相啣んで朝鮮海に向へり其上陸點は南陽灣、大同江附近の兩地なりと噂す（同上）

豫てより從軍を望み居たる劉永福は訓電あり次第出軍し得るの準備を爲せと清國政府より命令したる趣（同上）

清國は陸路義州より軍隊を進むる計畫にて最早義州近傍まで進みたるならんと確實なる筋より報知されたれば稍ゝ信を置くに足るべし（廿七日天津發）

戰爭は愈ゝ始まり支那は日本に向て開戰を布告したり清國は着々戰備に怠りなくして諸事に用意周到なり（廿七日上海發）

京城小戰續報

一昨日其筋へ達したる電報は左の如し（前號欄外再掲）

本月廿三日午前七時四十分戰鬪全く止み分捕の大砲十五門小銃千挺以上なり我兵死者二傷者一あり一時頃大院君大闕に入る（廿三日午後二時二十分京城發、廿七日午後五時三十分着）

1894（明治27）年7月29日付け『東京朝日新聞』

●宣戰の詔勅

我政府已に各國公使に日清交戰の通知を爲し又各地方官に向て支那を無條約國と認むべき旨の訓令を下せり是に於て乎昨日更に左の詔勅あり

詔勅

天佑ヲ保全シ萬世一系ノ皇祚ヲ踐メル大日本帝國皇帝ハ忠實勇武ナル汝有衆ニ示ス

朕茲ニ清國ニ對シテ戰ヲ宣ス朕カ百僚有司ハ宜ク朕カ意ヲ體シ陸上ニ海面ニ清國ニ對シテ交戰ノ事ニ從ヒ以テ國家ノ目的ヲ達スルニ努力スヘシ苟モ國際法ニ戻ラサル限リ各々權能ニ應シテ一切ノ手段ヲ盡スニ於テ必ス遺漏ナカラムコトヲ期セヨ

惟フニ朕カ即位以來茲ニ二十有餘年文明ノ化ヲ平和ノ治ニ求メ事ヲ外國ニ構フルノ極メテ不可ナルヲ信シ有司ヲシテ常ニ友邦ノ誼ヲ篤クスルニ努力セシメ幸ニ列國ノ交際ハ年ヲ逐フテ親密ヲ加フ何ソ料ラム清國ノ朝鮮事件ニ於ケル我ニ對シテ著々隣交ニ戻リ信義ヲ失スルノ擧ニ出テムトハ

朝鮮ハ帝國カ其ノ始ニ啓誘シテ列國ノ伍伴ニ就カシメタル獨立ノ一國タリ而シテ清國ハ毎ニ自ラ朝鮮ヲ以テ屬邦ト稱シ陰ニ陽ニ其ノ内政ニ干渉シ其ノ内亂アルニ於テ口ヲ屬邦ノ拯難ニ籍キ兵ヲ朝鮮ニ出シタリ朕ハ明治十五年ノ條約ニ依リ兵ヲ出シテ變ニ備ヘシメ更ニ朝鮮ヲシテ禍亂ヲ永遠ニ免レ治安ヲ將來ニ保タシメ以テ東洋全局ノ平和ヲ維持セムト欲シ先ツ清國ニ告クルニ協同事ニ從ハムコトヲ以テシタルニ清國ハ翻テ種々ノ辭抦ヲ設ケ之ヲ拒ミタリ帝國ハ是ニ於テ朝鮮ニ勸ムルニ其ノ秕政ヲ釐革シ内ハ治安ノ基ヲ堅クシ外ハ獨立國ノ權義ヲ全クセムコトヲ以テシタルニ朝鮮ハ既ニ之ヲ肯諾シタルモ清國ハ終始陰ニ居テ百方其ノ目的ヲ妨碍シ剰ヘ辭ヲ左右ニ托シ時機ヲ緩ニシ以テ其ノ水陸ノ兵備ヲ整ヘ一旦成ルヲ告クルヤ直ニ其ノ力ヲ以テ其ノ欲望ヲ達セムトシ更ニ大兵ヲ韓土ニ派シ我艦ヲ韓海ニ要擊シ殆ト亡狀ヲ極メタリ則チ清國ノ計圖タル明ニ朝鮮國治安ノ責ヲシテ歸スル所アラサラシメ帝國カ率先シテ之ヲ諸獨立國ノ列ニ伍セシメタル朝鮮ノ地位ハ之ヲ表示スルノ條約ト共ニ之ヲ蒙晦ニ付シ以テ帝國ノ權利利益ヲ損傷シ以テ東洋ノ平和ヲシテ永ク擔保ナカラシムルニ存スルヤ疑フヘカラス熟々其ノ爲ス所ニ就テ深ク其ノ謀計ノ存スル所ヲ揣ルニ實ニ始メヨリ平和ヲ犧牲トシテ其ノ非望ヲ遂ケムトスルモノト謂ハサルヘカラス事既ニ茲ニ至ル朕平和ト相終始シテ以テ帝國ノ光榮ヲ中外ニ宣揚スルニ專ナリト雖亦公ニ戰ヲ宣セサルヲ得サルナリ汝有衆ノ忠實勇武ニ倚頼シ速ニ平和ヲ永遠ニ克復シ以テ帝國ノ光榮ヲ全クセムコトヲ期ス

御名御璽

明治二十七年八月一日

内閣總理大臣　伯爵　伊藤博文
遞信大臣　伯爵　黑田清隆
海軍大臣　伯爵　西鄕從道
内務大臣　伯爵　井上馨
陸軍大臣　伯爵　大山巖
農商務大臣　子爵　榎本武揚
外務大臣　陸奥宗光
大藏大臣　渡邊國武
文部大臣　井上毅
司法大臣　芳川顯正

1894（明治27）年8月3日付け『朝日新聞附録』

戦争開戦一〇年前の一八八〇年代、全盛期の清は、宗主国として、周辺国をいわば属国とする支配関係にあったが、その後、欧米列強が東南アジア諸国を植民地化してきた。このため、清の対外関係は大きく変化し、欧米諸国とは条約を結び、従来の朝貢（ちょうこう）・冊封（さくほう）体制、つまり中国の皇帝に周辺諸国が贈りものをささげる代わりに周辺諸国の君主が中国皇帝から官号や爵位をもらい君臣関係を結ぶという主従関係は李氏朝鮮のみになった。こうした中、かねてから朝鮮への支配権を目論んでいた日本と清が戦いに入ったのである。先に戦争をしかけたのは日本であった。日清戦争に参加した日本の兵力は、軍人軍属合わせて約四〇万人とされるが、このうち約二万人が戦病死した[15]。日本は終始、清を圧倒し、朝鮮半島や遼東半島を占領、一年間にわたった日清戦争は、下関で日清講和条約が調印され、清は朝鮮の独立を認めた。

参考までに日清戦争に出征した富山県の郷土将兵は、金沢歩兵第七連隊に属し、計二三五五人が召集されたとの記録があり、このうち富山県人の戦病死者は海軍二人を含む一六四人であった[16]。

日本の勝利によるこの日清戦争は、日本にさらに経済発展に都合のよい条件をもたらした。下関での日清講和条約の要点は次のようになっている。

一、清は朝鮮が独立自主の国であることを承認する。
二、日本に対して遼東半島、台湾、澎湖諸島を割譲する。
三、賠償金として二億両（日本円で約三億一〇〇〇万円）を日本に支払う。
四、清と欧州各国間条約を基礎として、日清通商航海条約を締結し、日本に対して欧米列強並みの通商上の特権を与える[17]。

近代化を急ぐ日本にとっては願ってもない好機が到来した。すなわち、産業振興のための財源ができ、固定資本を必要とする産業のために、日本勧業銀行や日本興業銀行を設立、また、官営八幡製鉄所を設立するなど重工業発展の足掛かりを日清戦争から得ることになった。

日清戦争後の日本経済の伸展は著しく、先進列強への日本の追従の中で、三井財閥の三井鉱山、三井銀行、三井物産は、一八九〇年代から一九〇〇年代はじめにかけて高率の利益をあげていた。ここに一八九三（明治二六）年からの「三井財閥純益金、同族会への納付金の推移」（表1－2）があるが、一八九〇（明治二三）年から毎年のように高率で純益を伸ばしている。中でも輸出産業である石炭産業を抱えた三井鉱山は著しい利益をあげていることがわかる。石炭と金属の両方を持つ鉱山は基礎産業として三井財閥の稼ぎ頭になっていた。

明治維新以来のここまでの流れを振り返って概観してみると、日本の近代化を推し進めるキーワードである殖産興業は、国策として、三井をはじめとする財閥企業を育成しながら、資本主義化を進めた。官業払下げは殖産興業の決め手になり、三井のような「政商」が産業資本家としてまさに日本の経済発展をリードした。「政商」は、日清戦争のような、あらたな国策を通じてさらに膨張していったのである。

表１－２　三井財閥純益金、同族会への納付金の推移

年次	三井鉱山	指数	%	三井物産	%	三井銀行	%	合　計
1893（明治26）	631,432	100		302,086				
1894（明治27）	955,968	151	42	632,552	28	673,058	32	2,261,578
1895（明治28）	1,208,983	191	41	1,087,193	37	661,226	22	2,957,402
1896（明治29）	1,126,512	178	41	849,778	31	786,415	28	2,762,705
1897（明治30）	805,445	128	29	1,129,594	41	829,231	30	2,764,270
1898（明治31）	1,878,156	297	43	1,453,896	34	992,583	23	4,324,635
1899（明治32）	1,808,970	286	41	1,768,074	40	807,603	18	4,384,647
1900（明治33）	1,318,443	209	34	1,416,305	36	1,159,296	30	3,894,044
	327,975		27	294,732	24	591,802	49	1,214,509
1901（明治34）	1,863,150	295	45	1,686,479	40	630,309	15	4,179,938
	422,545		34	375,745	30	449,940	36	1,248,230
1902（明治35）	1,866,558	297	36	2,620,478	51	674,272	13	5,157,900
	395,185		29	507,637	38	444,520	33	1,347,342
1903（明治36）	2,044,388	296	33	3,253,614	52	629,362	10	6,276,870
	582,970		31	866,320	46	445,325	24	1,894,615
1904（明治37）	2,257,897	358		上期 1,931,677		827,913		
	619,666		24	1,385,483	54	539,347	21	2,544,496
1905（明治38）	下期 1,167,596	185		下期 3,960,193		1,316,976		
	603,385		17	2,026,340	57	922,941	26	3,552,666
1906（明治39）						2,626,095		
	1,310,207		28	2,171,430	46	1,242,940	26	4,724,617
1907（明治40）						3,312,940		
	1,275,896		32	1,819,626	40	1,431,954	32	4,530,476
1908（明治41）						2,788,407		
	1,113,400			902,290	26	1,437,455	42	3,453,145
1909（明治42）	下期 1,538,086	244						
1910（明治43）	3,964,422	628				2,093,000		
	700,000		26	1,200,000	44	800,000	30	2,700,000
1911（明治44）	3,716,727	589				2,026,000		
	700,000		23	1,600,000	52	750,000	25	3,050,000
1912（明治45）	2,478,248	392				2,521,000		
	700,000		22	1,600,000	50	800,000	25	3,200,000

出所：吉田文和「非鉄金属鉱業の資本蓄積と公害：神岡鉱山公害をめぐる技術と経済(1)」『経済論叢』第118巻第5・6号、京都大学経済学会、1976

神通川の鉱毒被害、新聞記事に

しかし、ここで見落としてならないのは、殖産興業の一つの要でもあった鉱山業における負の側面である。前述したようにすでに足尾銅山や神岡鉱山では、煙害や農漁業への被害が発生していた。日清戦争が終わったばかりの一八九六（明治二九）年、『北陸政報』は神岡鉱山の鉱毒被害を報道している。

> 鑛毒の餘害
>
> 神通川より水を引ける上新川郡新保村（引用者注：現・富山市）大久保村（引用者注：現・富山市）等の田地は近年稲作の生育甚だ悪しきは畢竟同川上流に臨める飛騨各鉱山の鉱毒流出せる為ならんとて農民の憂慮一方ならむという。[18]

◎鑛毒の餘害
神通川より水を引ける上新川郡新保村大久保村等の田地は近年稲作の生育甚た悪しきは畢竟同川上流に臨める飛州各鑛山の鑛毒流出せる爲ならんとて農民の憂慮一方ならずといふ

1896（明治29）年4月24日付け『北陸政報』

これは神通川の鉱害被害に関して報じた富山県内での初めての新聞記事である。明治の初め、三井資本が神岡で操業を始めてから、神岡鉱山の鉱毒は、国策による生産量の拡大とともに、地元神岡だけではなく、神通川流域の富山県内の農民にまでじわじわと被害をもたらし始めた。なお、神岡鉱山の地元の町、神岡の地名について参考までに説明しておきたい。というのも、明治に入り、当初、鉱山の地元一帯は神岡村として統合されていたが、一八八九（明治二二）年に、あらたな町制がしかれたのを機会に、船津町、阿曽布村、袖川村の一町二村に分村された。そして太平洋戦争後の一九五〇（昭和二五）年にこれら船津町・阿曽布村・袖川村があらためて合併し、神岡町が誕生した。現在、神岡町は、二〇〇四（平成一六）年の、いわゆる平成の大合併で飛騨市神岡町となった（図1—3参照）。したがって本書では、全般にわたって神岡と表記しながら、太平洋戦争以前は、時に応じ、船津町や阿曽布村、袖川村の地名も使用する。

さて、三井鉱山全体では、神岡の占める位置づけは、まだまだ規模が小さかった。とはいえ、前述した一八九六（明治二九）年頃には、すでに鉱山被害が出ていたのに、全く黙殺されてきたといってよい。少なくとも神岡鉱山では、日清戦争以前は、銀・銅・鉛が採掘される主要な鉱石であったが、それまでは鉛鉱に混ざっている亜鉛は、需要がなく、技術的にも利用価値が見つかっていなかったので、むしろ鉛採取の邪魔者扱いされ、近くの高原川などへ捨てられていた。

『鉱山発達史』によれば、神岡鉱山からの販路は次のようである。

精銀ハ富山市迄陸路一四里車送シ（雪中ハ人力ニ依ル）富山ヨ

図1－3

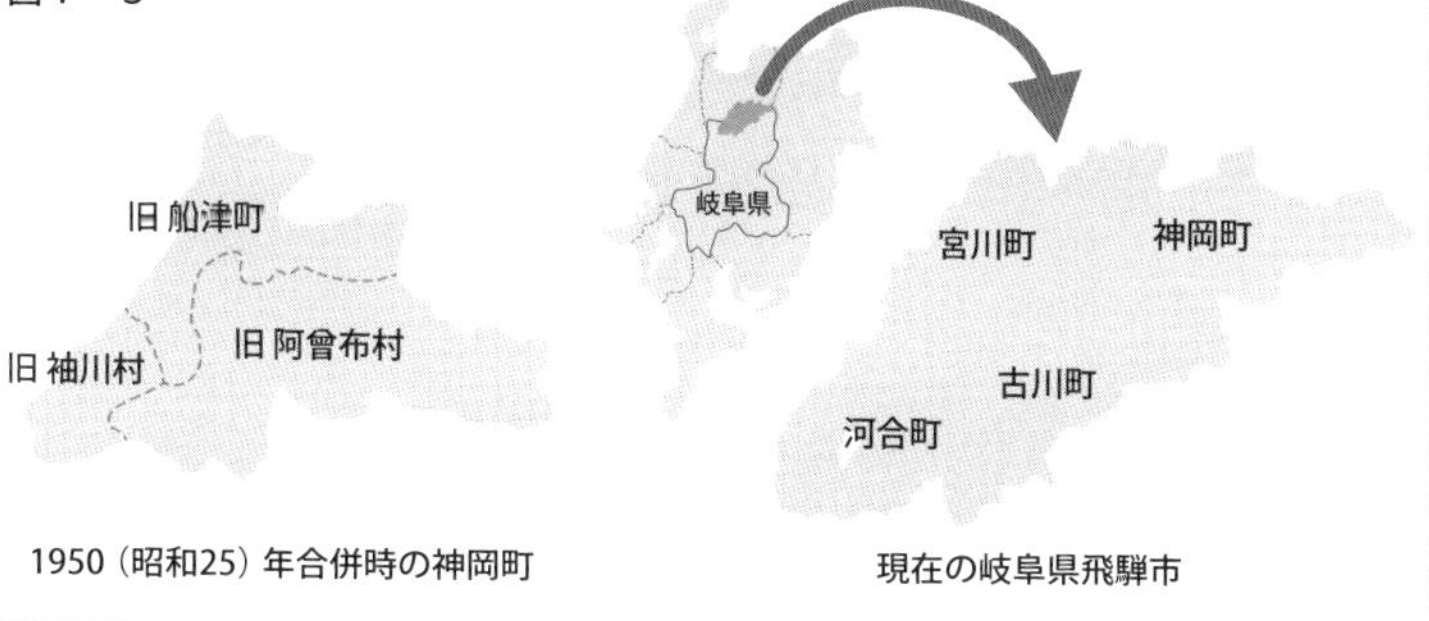

神岡町教育委員会『飛騨の神岡』1988を参考に作成

リ汽車便ニテ神戸港三井物産会社支店ニ送致シ以ッテ上海ニ輸出ス。精銅ハ富山市ヲ経テ高岡市ニ送致シ主トシテ同地ニ於テ販売ス。精鉛ハ富山市ヨリ汽車便ニテ大阪ニ送致シ亦三井物産会社支店ニ托シテ販売ス。[19]

このように、神岡鉱山からの輸送ルートは特に冬の場合は難航を極めたが、販路開拓にあたっては、三井鉱山から三井物産へと三井財閥が威力を発揮していた。

神岡鉱山を変えた日露戦争

日清戦争から一〇年後の一九〇四（明治三七）年に起きた日露戦争では、鉛需要が増大し、さらに亜鉛選鉱技術の進歩から、それまで廃棄物として高原川へ捨てられていた亜鉛鉱石の採取が本格的に開始されたことにより鉱害の規模が大きくなった。日露戦争は、神岡鉱山のまず最初のターニングポイントといってよい。

そもそも日露戦争とはどのような戦争だったのだろうか。

日露戦争とは、日本とロシアが朝鮮半島と満州（現・中国東北部）を舞台に戦った戦争だが、この戦いは日清戦争の比ではなく、日本は国をあげてこの困難な戦争に挑んだ。日露戦争の背景には、中国や朝鮮半島の利権をめぐって欧米列強も加わった複雑な構造があったが、朝鮮半島を日本の支配下に、満州をロシアの支配下に置くという日本の提案もまとまらず、結局、国交断絶の末の宣戦布告となったのである。二年にわたったこの戦争で、日本軍は約八万人、ロシアは約五万人の戦死者を出したが、

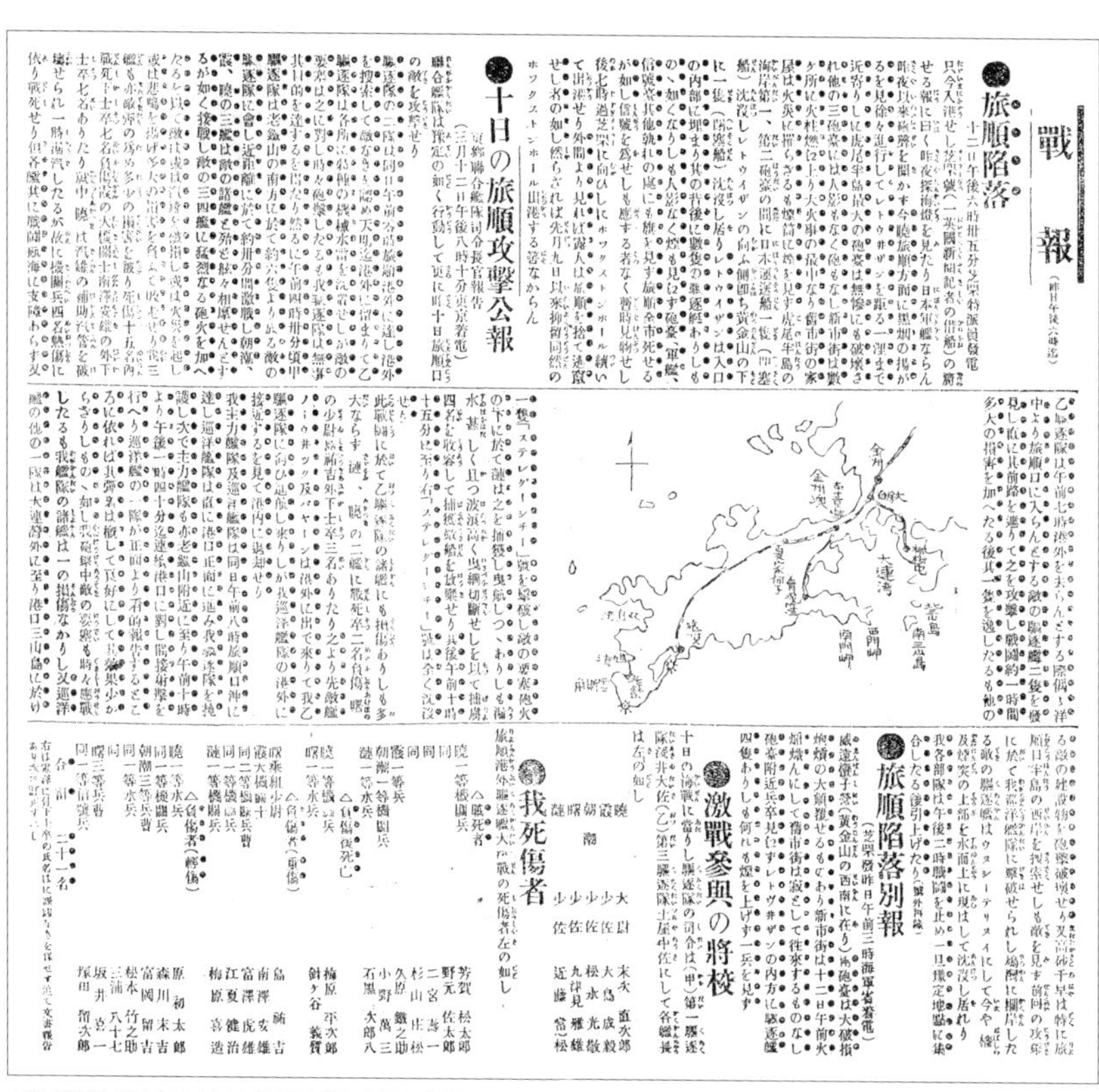

戰報（昨日午後六時迄）

旅順陷落

十二日午後六時卅五分芝罘特派員發電

只今入港せし芝罘號（一英國新聞記者の借船）の齎せる報に曰く昨夜探海燈を見たり日本軍艦ならん昨夜以來砲聲を聞かず今曉旅順方面に黒烟の揚がるを見徐々進行してレトウヰザンを距る一浬まで近寄りしに虎尾半島最大の砲臺は無慘にも破壞され他の三砲臺には人影もなく砲もなし新市街は數ヶ所に火柱燃え上り大火事の最中なり舊市街の家屋は火災に罹らざるも煙筒に煙を見ず虎尾半島の海岸第一、第二砲臺の間に日本運送船一隻（閉塞船）沈沒しレトウヰザンの向ふ側即ち黄金山の下に一隻（閉塞船）沈沒し居りレトウヰザンは入口の内部に埋まり其の背後に驅逐艇ありしもの、如くなりしも人影なく煙も見えず砲臺（軍艦）信號所其他孰れの處にも旗を見ず旅順全市死せるが如し信號を爲せしも應ずる者なく靜肅見物せし後七時過芝罘に向ひしにホワクストンホール號いて出港せり外聞より見れば露人は旅順を捨て逃竄せし者の如し然らざれば先月九日以來抑留同然のホワクストンホール出港する譯なからん

十日の旅順攻撃公報

（三月十二日午後八時十分東京着電）

東鄕聯合艦隊司令長官報告

聯合艦隊は豫定の如く行動して更に昨十日旅順口の敵を攻撃せり

驅逐隊の二隊は同日午前零時旅順港外に達し港外を搜索して敵を認めず天明迄港外に留まりて乙驅逐隊は各所に敷設の機械水雷を沈置せしが敵の要港は之に對し時々砲撃したるも我驅逐隊は無事其目的を達するを得たり然るに午前四時卅分頃甲驅逐隊は老鐵山の南方に於て約六隻よりなる敵の驅逐隊に會し近距離に於て約卅分間激戰し朝潮、霞、曉の三艦は敵の諸艦と殆ど舷々相摩せんとするが如く接し敵の三四艦に猛烈なる砲火を加へたるを以て敵は或は汽罐を撃たれ或は火災を起し遂に敗走せり我三艦も亦敵彈の爲多少の損害を被り死傷十五名内戰死下士卒七名ありたり就中曉は汽罐の補助汽管を破られ一時航海に支障したるが故に機關兵四名熱傷に依り戰死せり但各艦其に戰鬪航海に支障あらず又

乙驅逐隊は午前七時港外を去らんとする際偶々洋中より旅順口に入らんとする敵の驅逐艦二隻を發見し直に其前路を遮りて之を攻撃し戰鬪約一時間多大の損害を加へたる後其一隻を逸したるも他の一隻「ステレグーシチー」號を擊破し敵の要塞砲火の下に於て漣は之を捕獲し曳航しつゝありしも海水甚しく且つ波濤高く曳綱切斷せしを以て捕虜四名を收容して捕獲艦船を放棄せり其後午前十時十五分に至り右「ステレグーシチー」號は全く沈沒せり

此戰鬪に於て乙驅逐隊の諸艦にも損傷ありしも多大ならず漣、曉の二艦に戰死卒二名負傷曙の少尉太田吉外下士卒三名ありたり之より先敵艦ノーウヰック及バヤーンは港外に出で來りて我乙驅逐隊に向ひ追跡し來りしが我巡洋艦隊の港外に接近するを見て港内に退却せり

我主力艦隊及巡洋艦隊は同日午前八時旅順口沖に達し巡洋艦隊は直に港口正面に進み我驅逐隊を掩護し次で主力艦隊も亦老鐵山附近に至り午前十時より午後一時四十分迄遼東港口に對し間接射擊を行へり巡洋艦の一隊が正面より看的報告する所に依れば其彈着は概して良好にして其效果少からざりしもの、如し我砲擊中敵の要塞も時々應戰したるも我艦隊の諸艦は一の損傷なかりし又巡洋艦の他の一隊は大連灣外に至り港口三山島に於ける敵の建設物を砲擊破壞せり又高砂千早は特に旅順口半島の西岸を搜索せしも敵を見ず前回の攻擊に於て我巡洋艦隊に擊破せられし船艙に擱坐したる敵の驅逐艦はウヌシーテリヌイにして今や檣及煙突の上部を水面上に現はして沈沒し居れり

我各部隊は午後二時戰鬪を止め一旦豫定地點に集合したる後引上げたり（號外再錄）

旅順陷落別報

（芝罘發昨日午前三時海軍省着電）

威遠礮子營（黄金山の西南に在り）の砲臺は大破損し煙煤の火顆擢せるもの〻わり新市街は十二日午前火焔燃んにして舊市街は寂として往來するものなし砲臺附近兵卒見えずレトウヰザンの内方に驅逐艦四隻ありしも何れも煙を上げず一兵を見ず

激戰參與の將校

十日の海戰に當りし驅逐隊の司令は（甲）第一驅逐隊淺井大佐（乙）第三驅逐隊土屋中佐にして各艦長は左の如し

曉　大尉　末次直次郎
霞　少佐　大島成毅
朝潮　少佐　松永光敬
曙　少佐　丸津見雅雄
漣　少佐　近藤常松

我死傷者

旅順港外驅逐艦大海戰の死傷者左の如し

△戰死者
曉　一等機關兵　芳賀松太郎
同　野元佐太郎
同　二宮壽一
同　杉山庄松
霞　一等兵　久原鐵之助
朝潮　一等機關兵　小野萬三
漣　一等水兵　石黑太郎八

△負傷後死亡
曉　一等機關兵　梅原平次郎
曙　一等水兵　針ヶ谷義質

△負傷者（重傷）
曉乘組少尉　島　福吉
霞　大機關士　南澤安雄
同　二等機關兵曹　富澤虎雄
同　一等機關兵　江夏健治
漣　一等機關兵　梅原喜造

△負傷者（輕傷）
曉　一等水兵　原　初太郎
同　一等機關兵　森川末吉
朝潮　三等兵曹　富岡留吉
同　一等水兵　松本竹之助
同　三浦八十七
曙　三等兵曹　坂井喜一
同　一等信號兵　塚田留次郎

合計　二十一名

右は當部に付下士卒の氏名は誤謬なきを保せず追て文書報告あり次第訂正すべし

1904（明治37）年3月14日付け『東京朝日新聞』

結果的には日本が日本海海戦でロシアを制し、予想外の勝利となった。軍事力を増強し、清国に勝利した日本が、それからわずか一〇年後に戦った相手が大国ロシアであった。明治政府が出来て四〇年後の日露戦争勝利によって日本は朝鮮半島における優越的な地位を占めることになった。そして、一九一〇（明治四三）年には日韓併合を行い、さらには朝鮮半島と地続きの満州への影響力を行使していくことになる。

日露戦争でも三井物産は戦争に協力した。『財閥と帝国主義』は次のように書く。

> 日露戦争で三井物産は、軍の「御用商売」をつとめた。糧食その他の物資買付、諸施設の準備と後始末、鉄道敷設地の買収など現地での三井物産の諸機構を総動員した軍事調達であった。さらに三井物産社員は、各旅団に配属されて進撃する軍隊に後続し、物資の買集めや車馬、苦力の徴発、橋梁材料の買付け、通訳にいたるまであらゆる現地調弁の仕事を担った。[20]

「苦力」とは「クーリー」と言われる肉体労働者、下層労働者のことを指すが、そのような苦力の徴発までを三井物産が行っていたとは驚きである。日清戦争から日露戦争に至るまで、三井物産を主体とする三井財閥は、国家政策と一体となって中国や朝鮮半島での利益獲得に血道をあげていた。

神岡鉱山に関し、日露戦争の過程であらためて指摘しておきたいが、日露戦争は二つの大きな変化を神岡鉱山にもたらした。まず鉛の需要増である。神岡鉱山の銀・鉛生産量の推移は**表1－3**の通りである。一九〇二（明治三五）年頃から特に鉛の生産量が急増し、全国比が六〇％を超えていった。日露戦争の勃発時には全国比が七〇%を超えている。鉛は当然、交戦上必要である。ただ、日露戦争以前までは、鉛鉱石は製錬の時に亜鉛鉱がじゃまになるので、「やに」として亜鉛鉱を分離して放棄していたのは前述したとおりである。ところが一八九七（明治三〇）年頃から横浜及び神戸にあった外国人貿易商などがこれに着目、欧州輸出向けとして買い付けを始めた。日露戦争の頃には、ベルギーやイギリス、ドイツにも輸出されるようになった。[21]

表1－3　神岡鉱山の銀・鉛生産量の推移

	銀		鉛	
	神岡	対全国比	神岡	対全国比
年	t	%	t	%
1889（明治22）	0.454	1.1	224	37.2
1890（明治23）	0.558	1.1	156	20.1
1891（明治24）	0.734	1.3	150	18.5
1892（明治25）	6.075	10.1	225	24.7
1893（明治26）	7.627	11.0	123	11.0
1894（明治27）	6.264	8.7	231	16.2
1895（明治28）	7.504	10.4	381	19.6
1896（明治29）	7.873	13.4	410	21.0
1897（明治30）	6.181	11.4	268	34.8
1898（明治31）	5.779	9.6	586	34.4
1899（明治32）	4.395	7.8	602	30.3
1900（明治33）	4.338	7.3	605	32.7
1901（明治34）	4.508	8.2	599	33.2
1902（明治35）	4.968	8.6	1,042	63.4
1903（明治36）	4.829	8.2	1,274	73.9
1904（明治37）	4.752	7.8	1,292	71.7
1905（明治38）	4.221	5.1	1,918	66.8
1906（明治39）	4.481	5.8	1,934	68.8
1907（明治40）	4.633	5.1	2,027	65.8
1908（明治41）	5.380	4.5	2,227	76.5
1909（明治42）	5.238	4.1	2,444	71.3
1910（明治43）	5.533	3.9	2,640	67.6
1911（明治44）	6.021	4.4	2,962	71.8
1912（明治45）	6.652	4.4	2,941	78.8

出所：倉知三夫・利根川治夫・畑明郎編『三井資本とイタイイタイ病』大月書店、1979

『明治工業史・鉱業編』には次のような紹介がある。

> 神岡鉱山に於いては、数百年以前より銅・銀・鉛を製錬せしも、其の鉱石中、亜鉛を含有せること著しく、細倉鉱山（現今の高田鉱山）も亦、其の鉱石中に亜鉛鉱の含有夥し。然るに亜鉛を含有せる銅、又は鉛鉱石は、之を製錬するに当り、明治中葉に至る迄、亜鉛鉱を害物視し、手選其の他の方法に依り、銅又は鉛鉱より之を分離放棄せり。
>
> 然るに日露戦役の当時、即ち明治三七、八年頃、亜鉛鉱は漸く外人の注目するところとなり、昔時放棄せる廃石中より亜鉛鉱を拾得し、之を欧州に輸出せんとするに至れり。（中略）亜鉛鉱石採掘作業の隆盛なるに伴ひ、自然之が選鉱技術を研究するの要起り、随て其の発達を致し、精鉱の進歩を見たりしが、尚ほ進んで之が製錬に関しても亦、斯界の与論を惹起したり。[22]

神岡鉱山・栃洞坑での採掘の様子　1907（明治40）年
出所：三井金属鉱業株式会社修史委員会事務局『神岡鉱山写真史』三井金属鉱業株式会社、1975

亜鉛採取の新技術導入

日露戦争前までは、銀・銅・鉛の製錬にじゃまだとして放棄されていた亜鉛がここにきて、新技術の導入により産出可能になったことで、軍需および鉄鋼業向けに亜鉛鉱石の採取が行われるようになった。

鉱山公害に取り組んだ利根川治夫はその著書の中で「三井の神岡進出から一九〇五（明治三八）年の亜鉛輸出までの間に、亜鉛鉱は不要なものとして廃棄され、谷川の洪水を待って、夜間に谷川へ放流していた。この期間の亜鉛の量は一万二四〇〇トン、この量からイタイイタイ病の原因物質であるカドミウム量を推定すると六二トンにのぼるが、三井は何らの除外的な設備を設けていなかった[23]」と述べている。ということは、カドミウムを含む亜鉛の多くが高原川に捨てられたことになる。つまり、イタイイタイ病にとってのターニングポイントとなった二つのことは、まず日露戦争の勃発により、軍需用の鉛需要が増大したこと、そして亜鉛採取の新技術が導入されことにより、軍需ほかへの需要増に対応するため、亜鉛そのものの増産体制が組まれていったことである。しかし、このどちらにしても全く不要とされたカドミウムが最終的に高原川へ捨てられていたことに変わりはない。

日露戦争以前までの鉛の産出過程で廃棄されたカドミウムを含む亜鉛鉱、そして日露戦争時からの亜鉛鉱の採掘に伴うカドミウムのずさんな処理、これらが直接、農漁業被害だけでなく、後々の人間被害に結びついていったことは見逃すことのできない重大な事実である。亜鉛鉱石の採取が始まった一九〇六（明治三九）年から第一次世界大戦が始まる前の一九一二（明治四五・大正元）年までの期間に選鉱過程から廃物化した亜鉛・カドミウム量について、吉田文和が試算したのが**表1―4**である。

銀・銅・鉛を軸に採掘が進んできた神岡鉱山は、明治末期に至り、亜鉛鉱の登場で主要生産物が逆転し始めた。次の**表1－5**を見るとそれが一目瞭然である。

これは産出品の販売単価の変動を示したものであるが、一九〇六（明治三九）年、亜鉛鉱の販売

表1－4
選鉱過程からの推定廃物化亜鉛・カドミウム　（単位：t）

年　別	亜鉛精鉱生産高	推定廃物化量	
		亜鉛	カドミウム
1906（明治39）	1,833	4,914	24.6
1907（明治40）	5,772	5,437	27.2
1908（明治41）	8,878	6,841	33.7
1909（明治42）	10,553	7,137	35.7
1910（明治43）	11,183	7,637	38.2
1911（明治44）	15,397	5,804	29.0
1912（明治45 大正元）	19,656	4,734	23.7

出所：倉知三夫・利根川治夫・畑明郎編『三井資本とイタイイタイ病』大月書店、1979

鹿間製錬所前に勢ぞろいした亜鉛鉱積出しの馬車群　1906（明治39）年
出所：三井金属鉱業株式会社『神岡鉱山写真史』1975

開始から亜鉛鉱だけが常に前年を上回り、神岡鉱山の活況の象徴となっていった。増産に対応する鉱夫たちも男女を問わず、神岡鉱山へかけつけた。男は一九一〇（明治四三）年の数字だが、合わせて一八四五人、女は一九二人となっている。男の四九・二％が岐阜、ついで富山が四一・六％と両県が圧倒的に多い。続いて石川・新潟・福井の順を示し、女は、富山が最も多く、四四・九％、ついで岐阜が四二・九％、続いて石川・新潟・秋田とほぼ同じ傾向[24]である。

『北陸タイムス』は、一九一〇（明治四三）年七月一四日と一五日に神岡鉱山の特集を組んでいるが、七月一四日付けには「船津に出ず

表1－5　販売単価の変動　（単位：円）

年		金 (g)	銀 (Kg)	銅 (t)	鉛 (t)	亜鉛 (t)
1901（明治34）	上期	1,319 (100)	40,132 (100)	611,244 (100)	149,107 (100)	―
1902（明治35）	上期	931 (71)	36,759 (91)	474,577 (78)	106,322 (71)	―
	下期	―	―	―	―	―
1903（明治36）	上期	―	31,109 (78)	462,988 (76)	100,275 (67)	―
	下期	―	32,646 (81)	516,517 (109)	110,343 (74)	―
1904（明治37）	上期	―	35,698 (89)	511,960 (84)	115,050 (77)	―
	下期	―	37,725 (94)	539,765 (88)	121,908 (82)	―
1905（明治38）	上期	―	38,752 (97)	670,732 (110)	125,733 (84)	―
	下期	―	39,441 (98)	651,655 (107)	129,789 (87)	―
1906（明治39）	上期	―	42,746 (106)	673,116 (110)	143,819 (96)	
	下期	―	43,884 (109)	724,812 (119)	157,160 (105)	15,934 (100)
1907（明治40）	上期	1,332 (100)	44,161 (110)	925,052 (151)	173,779 (117)	34,894 (219)
	下期	611 (46)	42,626 (106)	673,345 (110)	173,758 (117)	23,879 (150)
1908（明治41）	上期	796 (60)	35,255 (88)	489,339 (80)	128,993 (87)	22,682 (141)
	下期	1,036 (79)	34,054 (85)	505,987 (83)	123,391 (83)	18,376 (115)
1909（明治42）	上期	1,056 (80)	33,165 (83)	493,988 (81)	123,536 (83)	30,817 (193)
	下期	1,117 (85)	33,360 (83)	487,692 (80)	124,677 (84)	29,196 (183)
1910（明治43）	上期	1,097 (83)	34,483 (86)	488,749 (80)	130,341 (87)	40,136 (252)
	下期	1,168 (89)	35,362 (88)	―	122,616 (82)	30,568 (192)
1911（明治44）	上期	1,201 (91)	34,447 (86)	729,302 (119)	125,368 (84)	40,615 (255)
	下期	1,198 (91)	34,375 (86)	501,425 (82)	126,188 (85)	39,888 (250)
1912（明治45）	上期	1,206 (91)	37,554 (94)	669,309 (109)	147,188 (99)	36,881 (231)

出所：三井金属鉱業株式会社修史委員会『続神岡鉱山史草稿　その1』1973

従軍餘録 草鞋の跡（四）

▲神岡鑛山（上）●

東茂住より神通川の上流高原川に沿ひ、翠巒渓を眺め船津に出づる途中山麓に鹿間と云ふチッポケな村落がある、村落とは言ひながら商店軒を並べ可なりの繁昌、其處には神岡鑛山事務所あり、其れが爲め鹿間のみならず其附近一帯や鑛山の餘澤を蒙つて山國には珍らしい繁昌を呈して居る、東街道は西街道に比し險阻で迂廻なるに拘らず人馬の往復が頻繁なる理由は全く神岡鑛山あるが爲めである、軍隊は此處で四十分の休憩を爲し、白木大隊長の交渉に依りて兵士は神岡鑛山を縦覧するを得た、到底短時間で全鑛山を見られたものでないが記者が見聞した儘左に一寸紹介しやう

▲廣大なる鑛區　先づ鑛山の位置から云ふと、鑛山は飛驒國吉城郡船津阿曾布村と越中國上新川郡大澤村に跨る阿曾布村大字和佐保に二十五山あり、海拔約三千九百尺にして船津町の北方に聳立して居る山腹には大富、東平、栃洞、深洞等の坑口、其周圍には蛇腹、淡山、下之本、跡津、増谷、持ケ壁、鉛谷、天戸平、池ノ山、「うつぼ」稲谷、清五郎谷等の坑口がある　持主は三井合名會社で明治二十六年六月二十四日の設立に係り、採掘鑛區面積は三百三十一萬八千三十九坪、試掘鑛區面積は八百七十七萬千四十四坪あり、鑛種は金、銀、銅、鉛、亞鉛、鉄等である

▲採鑛と撰鑛　我々門外漢は案内者に就き一々丁寧に説明を聞いた所で僅に其名稱を覺ゆるのみで容易な事でない

▲採鑛法は正規鑛脈に在つては仰ぎ堀階段法に依り、不規則塊状鑛鉢に在つては仰ぎ堀階段法と長壁法との折衷法たる一種の方法に依るもので階段の高サは六尺乃至七尺幅は鑛[illegible]の[illegible]さ何でも二三を下らない、堀鑿器は概ね鑿、玄翁、鑽を用ふる、發破の手堀で爆裂薬には普通火薬、綿火薬又はダイナマイトを使用するさうだ

夫れから撰鑛法は撰鑛場は鹿間と上平の二箇所に在りて鹿間は第一精鑛所、第二精鑛所の二工場よりなり何れも鑛石中有用なる含銀鉛鑛及び亞鉛鑛より不用なる脈石から分離する工場であるが先づクラッシャーにて鑛石を粗碎しロールにて細碎したる後圓錐篩にて八、五、三、二、一五ミリの五種に篩ひ分け、五種の鑛粒は各自跳汰器に入れ鑛物比重の差で鉛精鑛、亞鉛精鑛、中鑛及び流渣に區別し流渣は放棄し中鑛は鉛鑛、亞鉛鑛等の交り物があるから捲揚臺にて捲揚げロールとハンケントン、ミルにて粉碎し一、五ミリ以下の粉鑛は尖函にて分類しジッカーとウキルフレー汰盤にて撰鑛する、精鑛所にて産出せし鉛精鑛は製煉場に送り亞鉛精鑛は海外に輸出するのださうな、鹿間第一精鑛所のみに使用する撰鑛機械の種類のみでも

ドッチ式碎岩機　ロール　ベルト　エレベーター　圓錐篩　跳汰器　[illegible]器　ハンチントン　磨鑛器　尖函　ウヰルフレー汰盤　[illegible]汰盤　[illegible]　[illegible]　廻轉鑛篩

がある、扨て製煉法に至つては更に複雑極まるもので、轟々たる機械の音で説明もわかつたものでない（契犬生）

1910（明治43）年7月14日付け『北陸タイムス』

る途中、山麓に鹿間と云ふチッポケな村落がある。村落とは言ひながら商店軒を並べ可なりの繁昌、其處には、神岡鉱山事務所あり、其が為め、鹿間のみならず其附近一帯が鉱山の餘澤を蒙って山國には珍しい繁昌を呈して居る」[25]と、当時の活況ぶりを伝えている。

当時、大学を卒業して初めて神岡へ赴任した社員の一人は一九〇九（明治四二）年の暮れ、地元船津町の大賀楼で大宴会があったことを記憶していた。それが「初めて利益金五万円を計上したお祝い」[26]であったという。

この頃から神岡では船津町を中心に「三井さま」という言葉が使われ、鉱山で働くのが夢であった。「明治時代には、子どもたちが勉強していると『この馬鹿もんが、そんなに勉強しとると三井さまに入れてもらえんぞ』と親たちは叱った。事実、尋常小学校を卒業すると、鉱山に〝志願〟するのだが、成績のよい者はめったに採用されず中以下だけが採用されていたのである。『重量物を運搬する牛馬のかわりじゃから学問なんかいらんさ』とも、『頭のええ奴は小理屈をこねるだけで、ちっともからだが動かんからのう』ともいわれていたらしい。なんといわれようとも『三井さま』に使われるということは、大きな誇りであった」[27]。

鉱山の町に生きる人々にとって、地元の繁栄は、三井あってのものという意識が強かっただろうし、「三井さま」への忠誠は、太平洋戦争の終戦まで続いたという。

その頃、神岡鉱山足下の高原川へずさんに放棄されたカドミウムは渦を巻きながら下流の神通川へ容赦なく流れ込んでいたのである。

引用文献

［1］三井金属鉱業株式会社修史委員会『神岡鉱山史』三井金属鉱業株式会社、一九七〇
［2］三井金属鉱業株式会社修史委員会『神岡鉱山史料』三井金属鉱業株式会社、一九七〇
［3］高村直助編著『明治前期の日本経済　資本主義への道』日本経済評論社、二〇〇四
［4］星野靖之助『三井百年』鹿島研究所出版会、一九六八
［5］野瀬義雄『三井の三池鉱山経営略史』野瀬産業株式会社、一九九〇
［6］野瀬義雄『三井の三池鉱山経営略史』野瀬産業株式会社、一九九〇
［7］石村善助『鉱業権の研究』勁草書房、一九六〇
［8］石村善助『鉱業権の研究』勁草書房、一九六〇
［9］三井金属鉱業株式会社修史委員会『続神岡鉱山史草稿　その一』一九七三
［10］三井金属鉱業株式会社修史委員会『続神岡鉱山史草稿　その一』一九七三
［11］三井金属鉱業株式会社修史委員会『続神岡鉱山史草稿　その一』一九七三
［12］一八八五（明治一八）年八月一二日付け『朝野新聞』
［13］一八九二（明治二五）年九月一八日付け『岐阜日日新聞』
［14］坂本雅子『財閥と帝国主義』ミネルヴァ書房、二〇〇三
［15］大谷正『日清戦争　近代日本初の対外戦争の実像』中央公論新社、二〇一四
［16］高井進編『明治・大正・昭和の郷土史18　富山県』昌平社、一九八二
［17］大谷正『日清戦争　近代日本初の対外戦争の実像』中央公論新社、二〇一四
［18］一八九六（明治二九）年四月二四日付け『北陸政報』
［19］農商務省鉱山局『鉱山発達史』原書房、一九九二

[20] 坂本雅子『財閥と帝国主義』ミネルヴァ書房、二〇〇三
[21] 中島信久「歴史―亜鉛（一）―日本の亜鉛需給状況の歴史と変遷」『金属資源レポート』第三六巻第一号、石油天然ガス・金属鉱物資源機構金属資源開発本部金属企画調査部編、二〇〇六
[22] 日本工学会・啓明会『明治工業史　鉱業編』学術文献普及会、一九六八
[23] 倉知三夫・利根川治夫・畑明郎編『三井資本とイタイイタイ病』大月書店、一九七九
[24] 三井金属鉱業株式会社修史委員会『続神岡鉱山史草稿　その一』一九七三
[25] 一九一〇（明治四三）年七月一四日付け『北陸タイムス』
[26] 三井金属鉱業株式会社修史委員会『続神岡鉱山史草稿　その二』一九七三
[27] 桑谷正道『飛騨の系譜』日本放送出版協会、一九七六

参照文献

1、星野靖之助『三井百年』鹿島研究所出版会、一九六八
2、三井金属鉱業株式会社修史委員会『神岡鉱山史』三井金属鉱業株式会社、一九七〇
3、日本鉛亜鉛需要研究会 亜鉛ハンドブック編集委員会『亜鉛ハンドブック』日刊工業新聞社、一九七七
4、山県啓利『文明と科学「新版」カドミウムの知識』カルチャー出版社、一九七二
5、畑明郎・向井嘉之『イタイイタイ病とフクシマ』梧桐書院、二〇一四
6、向井嘉之『イタイイタイ病との闘い　原告 小松みよ』能登印刷出版部、二〇一八
7、安岡重明『財閥形成史の研究』ミネルヴァ書房、一九七〇
8、野瀬義雄『三井の三池鉱山経営略史』野瀬産業株式会社、一九九〇
9、石村善助『鉱業権の研究』勁草書房、一九六〇
10、大谷正『日清戦争　近代日本初の対外戦争の実像』中央公論新社、二〇一四

11、小風秀雅『日本近現代史』（放送大学教材）放送大学教育振興会、二〇一〇
12、吉田文和「非鉄金属鉱業の資本蓄積と公害：神岡鉱山公害をめぐる技術と経済（二）」『経済論叢』第一一八巻第五・六号、京都大学経済学会、一九七六
13、山内昌之・細谷雄一編著『日本近現代史講義』中央公論新社、二〇一九

第二章　亜鉛も国家なり

——第一次世界大戦とイタイイタイ病

銅は国家なり

「銅は国家なり」という言葉があるが、日清・日露戦争時は、鉛とともに銅の需要が増大するのに伴い、古河財閥に対し鉱業停止を求める渡良瀬川流域農民の住民運動が始まっていた。第一章で記述した足尾鉱毒事件である。

「銅は国家なり」の言葉に象徴されるように、政府は農民の鉱毒反対闘争を厳しく弾圧した。田中正造が一九〇一（明治三四）年天皇に直訴したのはこうした国の姿勢を批判するものであった。最終的に国は渡良瀬川流域の農民を犠牲にし、鉱毒を隠蔽（いんぺい）するために渡良瀬川と利根川が合流する地点に存在した人口二七〇〇人、四五〇〇戸の谷中（やなか）村を遊水池とするために廃村にした。これこそまさに鉱毒問題の治水問題へのすりかえであった。

田中正造から谷中村について一書を著すことを懇請された荒畑寒村（あらはたかんそん）（一八八七―一九八一）は谷中村滅亡の日を次のように書く。

旧足尾銅山製錬所の煙突、手前が渡良瀬川　　2017（平成29）年8月　筆者撮影

明治政府悪政の記念日は来れり、天地の歴史に刻んで、永久に記憶すべき政府暴虐の日は来れり、準備あり組織ある資本家と政府との、共謀的罪悪を埋没せんがために、国法の名に依て公行されし罪悪の日は来れり。あゝ、記憶せよ万邦の民、明治四十年六月二十九日は、これ日本政府が谷中村を滅ぼせし日なるを。[1]

寒村の言葉は痛烈で、「組織ある資本家と政府との共謀的罪悪」と、事件の本質を端的に表現している。組織ある資本家とはもちろん古河財閥である。一九〇六（明治三九）年の谷中村強制破壊に始まり、翌年一九〇七（明治四〇）年、最後まで残留していた一六戸に強制執行がなされた。

足尾の農民を蹂躙していった言葉が「銅は国家なり」ならば、神通川流域の農民たちを黙殺していったのが「亜鉛も国家なり」ではないか。

次の**図2－1**は、明治末期の亜鉛の急激な生産量を示している。

高原川へ捨てられた鉱石の廃棄物は下流の神通川に容赦なく流れ込み、鉱害は神岡鉱山周辺から富山県側にも広がっていった。

最初の患者発生は一九一一（明治四四）年頃

日露戦争直後からの亜鉛鉱の採掘とそのずさんな処理は、農漁業被害にとどまらず、のちにイタイイタイ病という恐るべき人間被害を増幅する元凶となっていった。

実は最初のイタイイタイ病患者の発生は一九一一（明治四四）年頃と推測されている。厚生省（当時）環境衛生局公害部公害課が一九六八（昭和四三）年にまとめたイタイイタイ病要治療者発病推定年次集

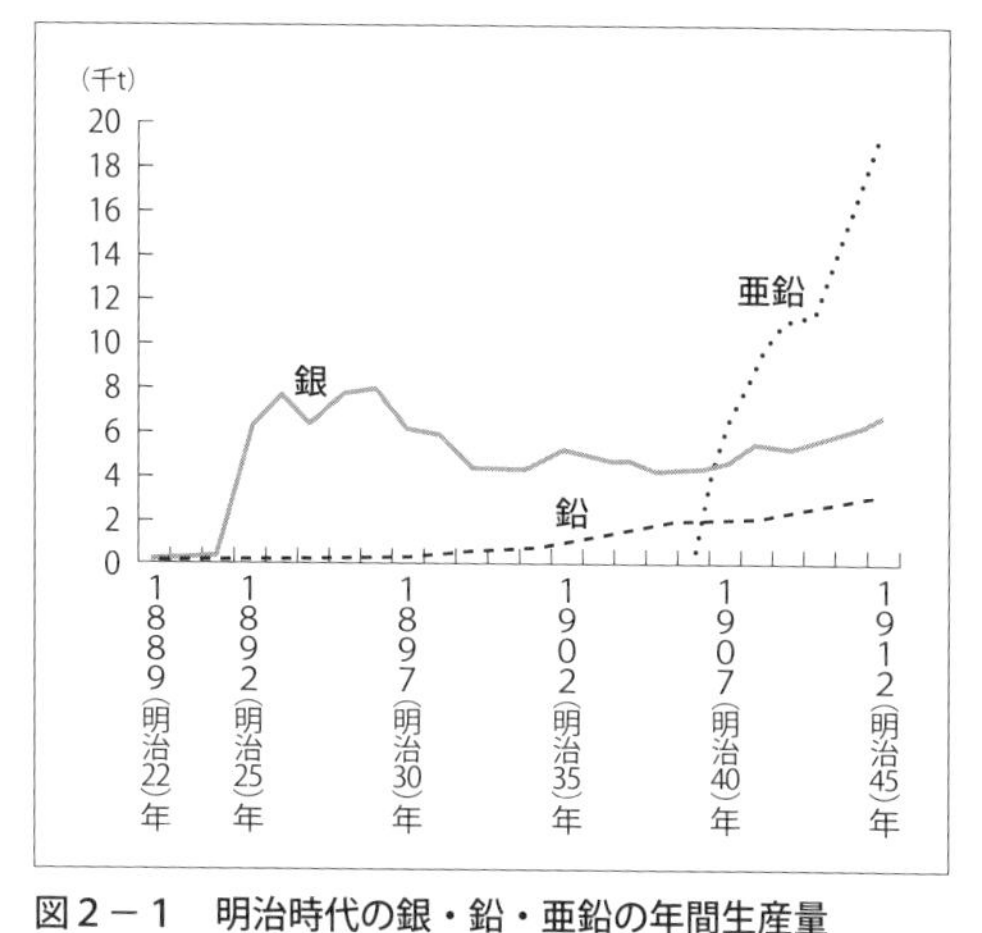

図２－１　明治時代の銀・鉛・亜鉛の年間生産量
出所：飛騨市教育委員会『神岡町史　通史編１』飛騨市教育委員会、2009

積グラフがある。この集積グラフは富山県地方特殊病対策委員会、厚生省医療研究イタイイタイ病研究委員会、ならびに文部省機関研究イタイイタイ病研究班の三者により統一された診断基準のもとに、富山県が一九六七（昭和四二）年度に実施した集団検診の結果にもとづいてイタイイタイ病要治療者の発病年次を推定したものである。

図2―2はあくまで推定であるが、三井組が神岡鉱山の経営に乗り出したのが一八七四（明治七）年、そして一八八九（明治二二）年には三井組が神岡鉱山全山の鉱業権を取得している。この間、銀以外に銅・鉛が採掘の主流であり、カドミウムを含んだ亜鉛は長い間、夾雑物（きょうざつぶつ）として高原川に捨てられていた。曝露（ばくろ）三〇年で発病に至るカドミウムの鉱毒を考えれば、一九一一（明治四四）年頃の最初の発病は全く不思議ではない。曝露とは、化学物質

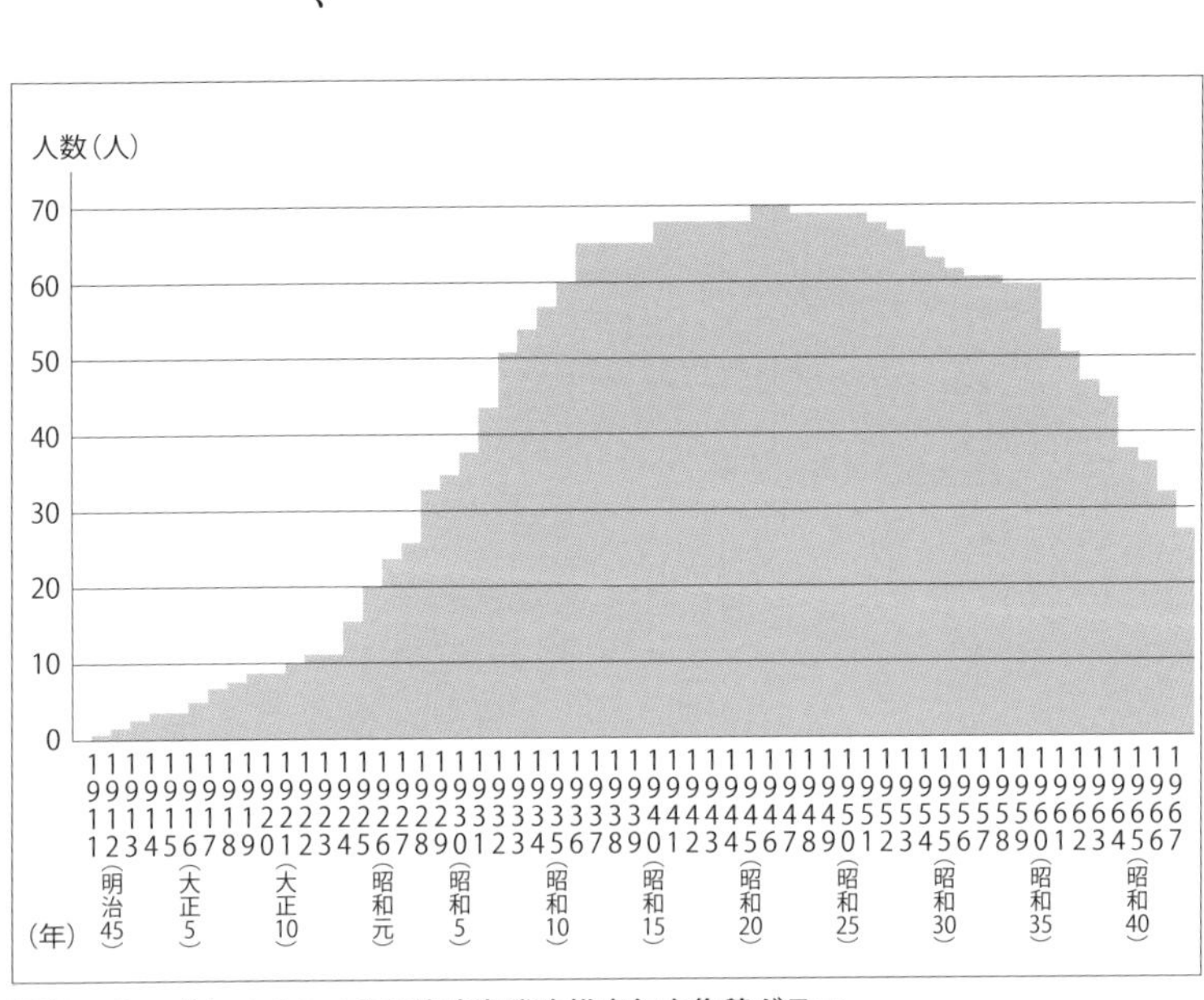

図2－2　イタイイタイ病要治療者発病推定年次集積グラフ

出所：厚生省　1968年『イタイイタイ病とその原因に関する厚生省の見解（附属資料）』

などに生体がさらされることをいう。

一九一一（明治四四）年五月三日から富山県の当時の有力新聞『北陸政報』は、神通川流域の鉱毒被害に着目、三回にわたって「このまま放置すれば、足尾銅山の鉱毒被害を上回る大災害になる」と警告を発した。

わが越中の大川流たる神通川が恐るべき鉱毒のためにまさに侵犯されんとしつつあることは、我輩のしばしば耳にしたるところなり……（中略）……神通川の上流に沿うたる地方においては、今やすでにその害毒を悟って同川の水を引かざる箇所少なからず、婦負郡南部地方（引用者注：現・富山市）の如きは神通の水を用いずして井田川の水を用いつつあり、同郡の農家は未だ鉱毒なるや否やを知らざるも、神通より流れ来る土砂のあるところには、稲の発生発育ははなはだ悪しく、到底充分の成熟を見る能はざることはよくこれを知れり、かの地古老の言うところを聞くに、神岡鉱山が悪鉛の採掘に従事せざる以前においては、かかる現象は嘗てこれあらざりしも、今や益々その現象の著しきをみるといえり、足尾銅山の鉱毒に経験ある者はこの状況を見て鉱毒の結果なると言えりとも聞けり[2]……（後略）。

この記事では、被害地の古老が「神岡鉱山が亜鉛の採掘に従事する以前にはこんなひどい稲の生育不良はなかった」と看破しているのである。明治末から大正の初めにかけて神岡鉱山は、鉛・亜鉛へ、とりわけ亜鉛の採掘へと大きくカーブを切った頃から被害がさらに大きくなったようだ。

政報

神通川鑛毒豫防（上）

三井鑛山の反省
本縣農界の警備

我が越中の大川流たる神通川が恐るべき鑛毒の爲めに將さに侵犯されんとしつゝあることは、我輩の屢々耳にしたる所なり、其川流の灌漑せる上流の沿岸地方は既に鑛毒の侵害を蒙りつゝあることも、我輩の亦た屢々耳にしたる所なり、獨り怪むらくは神通沿岸の地方は未だ之を叫はず唯た其成行を傍觀することを

抑も鑛毒の恐るべきことは天下既に其事實に乏しからざる所、足尾の如き既に天下の耳目を聳動せし所にして、紛爭に紛爭を極めて其解決未だ完全に就かず、假令ひ賠償方法を以て一時を彌縫するも、一旦失はれたる農界の損害は容易に償ふべくあらざる也、我が神通川にして果して此事實を認むるに足るものあらば宜しく今に於て之が豫防を爲さざるべからず、其害既に甚だしく莫大の田園を荒廢せしめ多大の水産を絶滅せしめたる暁に於て、囂起紛爭を極むるも其解決容易に就かずして鑛山主も被害地も與に損失を蒙むるべきは必然なり、我輩の今ま將さに豫防を主張せんとする所以のものは、實に兩者を其損害より救はんとする赤心に外ならざる也

抑も我が神通川に向つて既に鑛毒を流し又た大に流さんとするの鑛山は果して何れの鑛山ぞ、日本の鑛山王と稱せらるゝ三井の所有せる飛騨神岡鑛山是れ也、同鑛山の設備は既に充分に行屆けるや否やは我輩未だ之を審かにせずと雖も、其鑛毒自然に逸失して神通川に落ち來るは事實なるが如し、神通川の上流に沿ふたる地方に於ては、今や既に其毒害を悟つて同川の水を引かざる箇所尠なからず、婦負郡南部地方の如きは神通の水を用ゐずして井田川の水を用ゐつゝあり、同郡の農家は未だ鑛毒なるや否やを知らざるも、神通より流るゝ土砂の在る所には、[illegible]發生發育甚だ悪しく到底充分の成熟を見る能はざることは能く之を知れり、彼地古老の言ふ所を聞くに、神岡鑛山が惡鑛の採掘に從事せざる以前に於ては、斯る現象は曾て之れあらざりしも今や益々其現象の著しきを見ると云へり、足尾銅山の鑛毒に經驗ある者は此状況を見て鑛毒の結果なるを肯へりとも聞けり

縣當局者の如きは夙に其恐るべきを豫想し、之が調査を試みたるが如くなるも、其果して鑛毒の結果なるや否やは未だ明かなる證據を得ずと雖も、神通上流の沿岸農家は殆んど皆な之が害毒を感ずとせば、是れ實に等閑に附すべからざる一大事實にあらずや、今日に於て之が善後策を講ぜざれば其害毒益々延蔓して本縣も鑛山も與に之が防禦に困難を感ずると同時に、双方の損害は遂に容易に回復すべからざるに至らんとする也

1911（明治44）年5月3日付け『北陸政報』

注目すべきは、一九〇六（明治三九）年、神戸の三井物産を通じて、ドイツの亜鉛製錬会社に初めて亜鉛鉱を輸出し始めたことである。さらに亜鉛製錬に対する研究や論議も進み、「大正二（一九一三）年八月には大牟田（引用者注：九州・福岡県）に亜鉛乾式製錬工場を建設し、水平蒸留法によって、ここに亜鉛の自家生産の悲願を達成した」[3]。三井が工場を三池炭鉱所在地に建設したのは、「燃料、労銀ともに低廉であり、原料を輸入する場合、輸送費が安くすむため」[4]であった。

亜鉛製錬が「大牟田亜鉛製錬所」で可能になったことで、国産の亜鉛鉱の輸出も進み、ドイツをはじめ、イギリス、オーストリア、北米への輸出が明治末期から始まった。

第一次世界大戦に参戦

一九一四（大正三）年に第一次世界大戦が勃発する。

第一次世界大戦は、ドイツ・オーストリアなどからなる同盟国側とイギリス・フランス・ロシアを中心とする連合国側に分かれ、初の世界大戦に発展、日本も日英同盟を理由に連合国側に参戦した。日本が直接参戦した結果は、ドイツが持っていた南洋諸島を陥落させたのと、同じくドイツが中国・山東半島に持っていた租借地を占領しただけだったが、連合国側勝利のこの戦争で、日本はドイツの権益を手に入れるという大きな戦利を得た。

さらに日本は、この戦利を取引に使い、中国に対し、中国を日本に従属させる対華二一ヵ条要求を押しつけた。日本はそれまですでに、日露戦争後、中国の関東州と満鉄（南満州鉄道株式会社）線地帯を日本の権益としており、日本の軍拡はこうした相次ぐ戦争でますます強大になっていくのである。

歐洲大動亂迫る

▲獨逸宣戰布告

二日上海經由路透社發

獨逸皇帝は獨逸軍隊全部に動員令を發し又露國に對して宣戰を布告せり

▲獨逸最後通牒

一日伯林特約通信社發

獨逸政府は露國政府に向け最後通牒を發し十二時間以内に其戰備を中止すべきを要求し之に應ぜざれば獨逸も戰備を進むべしと通告せり

▲獨逸最後通牒期限

二日上海經由路透社發

伯林來電＝公報に依れば獨逸の露國に對する最後通牒期限は一日正午を以て盡くべし

▲獨露開戰期

一日伯林特約通信社發

諸報道を綜合するに獨露兩國は一日を以て開戰するに至るべし

▲獨帝民衆激勵

一日伯林特約通信社發

伯林の群集はウンター、デン、リンデン及びルスト、ガルテンに集合せり皇帝は露臺に出御一場の演說を試みて曰く

今日は獨逸國民に對する最も重大なる時にして遂に劍を把るの已むなきに至れり、而も今日は尚平和維持の最後の時に非ず、朕は名譽を以て此劍を再び鞘に納めんことを希望す、戰爭は財産と鮮血の多大なる犧牲を要求すべし而も我が敵國は獨逸に攻擊を加ふるの何物たるかを思ひ知らざる可らず

帝は終に臨み忠勇なる獨逸軍隊の爲め上帝の援助を祈りたるに民衆は盛に皇帝の萬歲を祝し且國歌を合唱せり

▲佛國亦動員す

一日夜路透社發

佛國は夜半動員令を下したり

▲佛國戰備進捗

一日タイムス社發

佛國の戰備は益進行せり佛國內閣は當分每日閣議を開く

▲獨軍佛國進軍

二日路透社發

獨逸軍隊は進軍してルクセムブルグ大公領（普魯西及び白耳義の間に介在し佛國に近し）に入れり

▲露國軍四百萬

一日タイムス社發（延着）

露國は總動員令を發したり之が爲め四百萬の軍兵を得べし

▲歐洲全土大動亂

二日タイムス社發（延着）

獨逸は露獨國境に於て又露國は墺露國境に於て各戰事行動を執り居れり即ち鐵道線路を破壞し電線を切斷し居れり是れ過去十二時間の經過なるが之が爲め歐洲大動亂は益確實と爲れり

▲露獨間交通杜絶

二日莫斯科特派員發

露獨間の鐵道交通は全く杜絶されたり

▲英露會商依然繼續

二日上海經由路透社發

本社の探知する所に依れば墺露兩國の最後通牒期限盡きつゝあるに拘らず兩國の會商は今尚繼續し居れり

▲伊太利中立確實

二日上海經由路透社發

伊太利が中立を守るべきは益確實と爲れり

▲英國の戰備整ふ

一日タイムス社發（延着）

英國が萬一の場合に執るべき手段は既に完備せり英國の重なる港灣は二日を以て追って通知のある迄閉鎖され防材を港口に据ゑ附くべし

▲英艦隊北海出現

一日タイムス社發（延着）

英國各艦隊の動作は一切祕密に附せられあるも六十隻は北海に於て目擊されたりとの報あり

▲日本英國援助宣言

一日タイムス社發（延着）

日本は開戰の場合に大々的に同盟國を援助すべしとの報道達し聖彼得堡の外交社會は大なる滿足を感ぜり又右に關しタイムスは加藤外相の陳述を發表せり曰く

若し不幸にして英國を始め他の強國間に戰端開かれんか我國は同盟國としての當然の義務を盡さんとす予は世界の此部分（即ち東洋）に於て何等の事件起らざらんことを切に望むものなり然れども若し我同盟國が戰爭の渦中に投ずるが如きことあらば吾國は我義務を盡さゞる可らず

1914（大正3）年8月3日付け『東京朝日新聞』

この第一次世界大戦の間、世界で亜鉛生産の二大国であったベルギーとドイツは、生産の下落に苦しんだが、間接的な参戦国でしかなかった日本へは軍需物資の原材料としての亜鉛に対して海外からの需要が一気に拡大した。第一次世界大戦は日本にとってまさに「天佑（てんゆう）」であった。それまで中国の利権を争っていたヨーロッパ諸国、イギリスやドイツが足元の戦線対応に追われている間に、中国への進出を最も積極的に行っていったのが日本である。その案内役を担ったのが三井物産を中心とする三井財閥であり、三井は第一次世界大戦の五年間に五倍の急成長を示した。

第一次世界大戦においてこれまであまり指摘されてこなかったのは、大戦中のヨーロッパに対する日本からの武器輸出である。坂本雅子は『財閥と帝国主義』において詳細に分析しているが、日本の武器輸出はすでに日清戦争時から始まり、日露戦争中においても、戦争中に拡張した生産能力が戦後に過剰になることへの対策として武器輸出を続けていた。そして第一次大戦勃発と同時に、日英同盟を根拠に連合国の一員として参戦した日本に、イギリス・フランス・ロシアから武器の注文が殺到した[5]。特に連合国に売却した武器ではロシアが圧倒的に多かった。参考までに陸軍工廠（こうしょう）関係の主要兵器の売却状況（表2―1）を引用するが、驚くばかりの銃の輸出である。

第一次世界大戦へは、日本は間接的参加だったといわれるが、実態は連合国への武器補給という、軍事的には最も重要な役割を演じていた。そしてこの軍需品輸出に最初からかかわっていたのが三井物産であった。

こうした第一次大戦の「天佑」を背景に、国内の金属産業は好況を呈し、当然に鉄・銅・亜鉛・鉛の価格騰貴を呼び寄せた。当時の大隈重信（おおくましげのぶ）内閣も好機到来とばかりに一九一六（大正五）年四月、勅令

表2－1　大戦中の連合国への売却主要兵器（陸軍工廠関係）

品目		英国	仏国	露国	合計数量
30年式小銃		20,000		356,000	376,000
同	実包			29,591,000	29,591,000
38年式小銃		80,000	50,000	430,000	560,000
同	実包	45,000,000	20,000,000	217,100,000	282,100,000
同	実包部品	3,000,000	20,000,000	37,000,000	60,000,000
7密口径小銃				35,400	35,400
同	実包			11,600,000	11,600,000
手榴弾				30,000	30,000
軽迫撃砲		16			16
同	弾薬	4,000			4,000
露式3インチ野砲弾丸				4,100,000	4,100,000
同	薬莢			2,700,000	2,700,000
同	信管			2,495,000	2,495,000
同	薬莢爆管			2,000,000	2,000,000
同	二号帯薬発分			750,000	750,000
31年式速射野砲				518	518
31年式速射山砲				100	100
同	弾薬			3,123,000	3,123,000
28サンチ榴弾砲				42	42
同	弾薬			12,700	12,700
24サンチ臼砲				34	34
同	弾薬			5,500	5,500
23口径24サンチ加農				14	14
同	弾薬			2,600	2,600
38式10サンチ加農				12	12
同	弾薬			31,100	31,100
45式20サンチ榴弾砲				9	9
同	弾薬			5,400	5,400
克式15サンチ榴弾砲				16	16
同	弾薬			40,100	40,100
克式12サンチ榴弾砲				28	28
同	弾薬			26,850	26,850
鋼製15サンチ臼砲				12	12
同	弾薬			15,000	15,000
鋼製9サンチ臼砲				12	12
同	弾薬			12,000	12,000
克式10サンチ半速射加農				4	4,
同	弾薬			1,200	1,200
38式15サンチ榴弾砲				16	16
同	弾薬			60,700	60,700
その他共合計金額(a)		5,299,709	3,186,640	172,885,945	181,372,294
〃	(b)	5,300,000	3,180,000	184,500,000	188,930,000
〃	(c)				189,161,000

出所：坂本雅子『財閥と帝国主義』ミネルヴァ書房、2003

（大日本帝国憲法の下、天皇の大権によって制定された命令）に基づき「経済調査会」を発足させ、三井合名会社理事長・団琢磨（だんたくま）、三井銀行理事長・早川千吉郎が参加した。そして翌年には、亜鉛工業の育成・保護の方策がこの調査会に提出された[6]。

三井の三大直系会社、三井銀行・三井物産・三井鉱山は、第一次大戦期に多角的に発展し、三井財閥の確立期に入った。

三井鉱山の一環である神岡鉱山自体の第一次大戦前後の動向を見てみる。

表2－2から読み取れるのは、金と亜鉛鉱への積極的意欲である。金は当時、国際的な金本位制への不安・動揺もあり、金生産への需要が急激に高まっていた。一方、亜鉛鉱は比較的順調に生産高、生産額を伸ばしている。

この第一次大戦期に付け加えておきたいことがある。一九一四（大正三）年の第一次大戦とともに始まった大正の時代は、開戦による好景気が続いた。好景気によるインフレで物価が高騰しはじめたが、中でも米価は先んじて上昇しはじめた。

一九一八（大正七）年、富山湾東部沿岸に端を発した米騒動は、全国の都市や鉱山などを巻き込み、ついに暴動にまで発

表2－2　第１次大戦前後の神岡鉱山

	鉱物名	1909（明治42）年		1914（大正３）年		1919（大正８）年	
生産量	金	6,447（g）	7,077円	61,906（g）	82,345円	27,369（g）	38,422円
	銀	5,194（kg）	172,822	8,296（kg）	288,150	6,470（kg）	453,242
	銅	33（t）	17,359	16（t）	9,484	17（t）	16,081
	鉛	2,521（t）	313,028	3,120（t）	582,498	2,568（t）	673,823
	亜鉛						
	亜鉛鉱	10,262（t）	303,804	17,745（t）	378,838	24,390（t）	826,164
増加指数	金	100	100	960	1,163	424	5,492
	銀	100	100	159	166	124	262
	銅	100	100	45	54	48	92
	鉛	100	100	123	186	101	215
	亜鉛						
	亜鉛鉱	100	100	172	124	237	271

出所：三井金属鉱業株式会社修史委員会『続神岡鉱山史草稿　その2』1973

展した。炭鉱での暴動は、福岡県や佐賀県、熊本県など九州で多発し、熊本県の萬田(まんだ)炭鉱では、女坑夫や坑夫の女房連も加わり、一〇〇〇余人が構内を襲撃した。この暴動は久留米師団一個大隊が出動し鎮圧された。この暴動は各炭鉱とも戦争景気で未曾有の好況だったのに、鉱夫たちの賃金が一向にあがらず逆に米の価格がじりじりあがり、一升二二銭くらいがこの年の八月には五〇銭以上になったため、炭鉱の鉱夫たちが決起したのである。ところが神岡鉱山では、鉱夫が二二〇〇人くらいいたが、先手を打って「米騒動対策」を行っていた。それは米の現物給与ないしは米の廉売(れんばい)制度の施行だった。神岡鉱山の「内地白米二二銭、外国白米一五銭」は、神岡町役場実施の廉売値段よりも、各一升につき、一〇銭ないしは五銭安なので、暴動は起きなかった。[7]

鉛・亜鉛の需要増大、鉱毒被害はさらに大規模に

一九一八(大正七)年第一次世界大戦の終息とともに海外向けの輸出は終焉(しゅうえん)したが、逆に国内向けに需要が増えた。この間「戦争により亜鉛地金相場は世界的に沸騰したので、内地製錬事業は膨張発展し、国産亜鉛鉱の供給だけではその需要を賄うことが出来ず海外に供給を仰ぐようになった。大戦は重ねてわが国に幸いした。東洋諸国やオーストラリアの亜鉛鉱は大戦により西欧に輸出が困難となり、わが国へ流入することになった」。[8]

この時期の神岡鉱山について『日本の公害史』は次のように述べる。

日本資本主義は、一九一〇年代に独占段階に移行しつつあったが、この時期に神岡鉱山は三井

財閥の主要生産部門である三井鉱山のなかで、重要な位置を占めるようになる。すなわち同鉱山は第一次大戦勃発によって、鉛・亜鉛等に対する需要が増大し、一九一三年以降、生産が拡大し、一九一七年には三井鉱山の純益金の最初のピークをつくる。(第二のピークは一九三五〜一九三八年)。こうして、神岡鉱山は一九一三年よりわが国最大の亜鉛鉱山としての独占的地位を確立したのである。この第一次大戦下の生産が拡大するなかで、かつてない規模で鉱害が激化した。それは三井が生産過程から発生する廃物の再利用は推進したが、鉱害防止施設は徹底して節約したからである。[9]

当時の日刊紙である『北陸タイムス』や『岐阜日日新聞』を調べたところ、この一九一〇年代にも神岡鉱山からの煙害や神通川からの鉱毒による農業被害が報道されている。

一九一六(大正五)年一一月一日付け『北陸タイムス』は「騒ぎ出した鉱毒」の見出しで、神岡鉱山と平金(ひらがね)鉱山(岐阜県高山市にあった鉱山)の鉱毒問題を取り上げているが、特に神岡鉱山については、「煙毒が甚だしく神岡鉱山の煙には亜硫酸ガスを含んでいるので樹木に及ぼす害毒は甚だしい。結局は足尾銅山のように煙を一定の場所に導き、その硫酸を除くほかはないし、また水毒を除くには排水路を開設するほかはない。かつて富山県と岐阜県吉城(よしき)郡の関係者は、すでに三井家に向かって損害賠償を申し込んだこともある」[10]と述べている。同じ『北陸タイムス』は同年一一月二四日付けでも「鉱毒と黄金毒」の社説を掲げ、「もし真に亜鉛精鉱のために流毒をわが神通川に放下しているとせば、流域両岸廿万の民生は決然として奮起し、殊死(しゅし)して祖先墳墓の郷国を擁護せねばならぬ由々しき大問題ではないか[11]」と論陣を張った。黄金毒とはわかりやすく言えば袖の下のことである。

明治末から神岡鉱山は日本の亜鉛の三分の二にのぼるという驚くべき生産量を示した。鉱毒は一九一六（大正五）年に続いて翌年も新聞記事になった。

一九一七（大正六）年八月七日付け『富山日報』は、「高原川に鉱粕の山」と追及した。この記事によれば、「岐阜県船津町では、神岡鉱山製錬所からの煙によって附近の山林が枯れるなどの被害が出たため、住民集会で製錬所の撤廃を要求することを決議した。高原川には鉱石のかすが投棄されており、下流の富山県内で水田被害が心配された。しかし、富山県議会での質問に対して、富山県当局は心配ないと回答した[12]」という。

さらに一九一七（大正六）年九月一八日付け『北陸タイムス』は、「神岡の毒煙　県内揺曳」とし、「富山県内の特に上新川郡下夕村南部一帯を中心に山林田畑の被害が著しいと訴え、調査を要求するとともに、被害によっては神岡鉱山周辺と同様に、賠償金を要求しなければならないとの声が出ている[13]」と鉱毒被害の富山県への影響を指摘している（図2―3参照）。

神岡鉱業所内の記録にもこうした煙害の報告がある。

> 大正五年乃六年に至りて鉛製煉（ママ）の殷賑時代を来し、各炉より排出される煙は、今や鹿間谷一帯をうずめ、風のまにまに四方にたなびき、あたかもその全盛を謳歌するが如きも、かかる急激な増産拡張に次ぐ拡張は、自己の歩みに余りにも急にして、その除害設備を構ずる（ママ）に十全を期することあたわざりき。

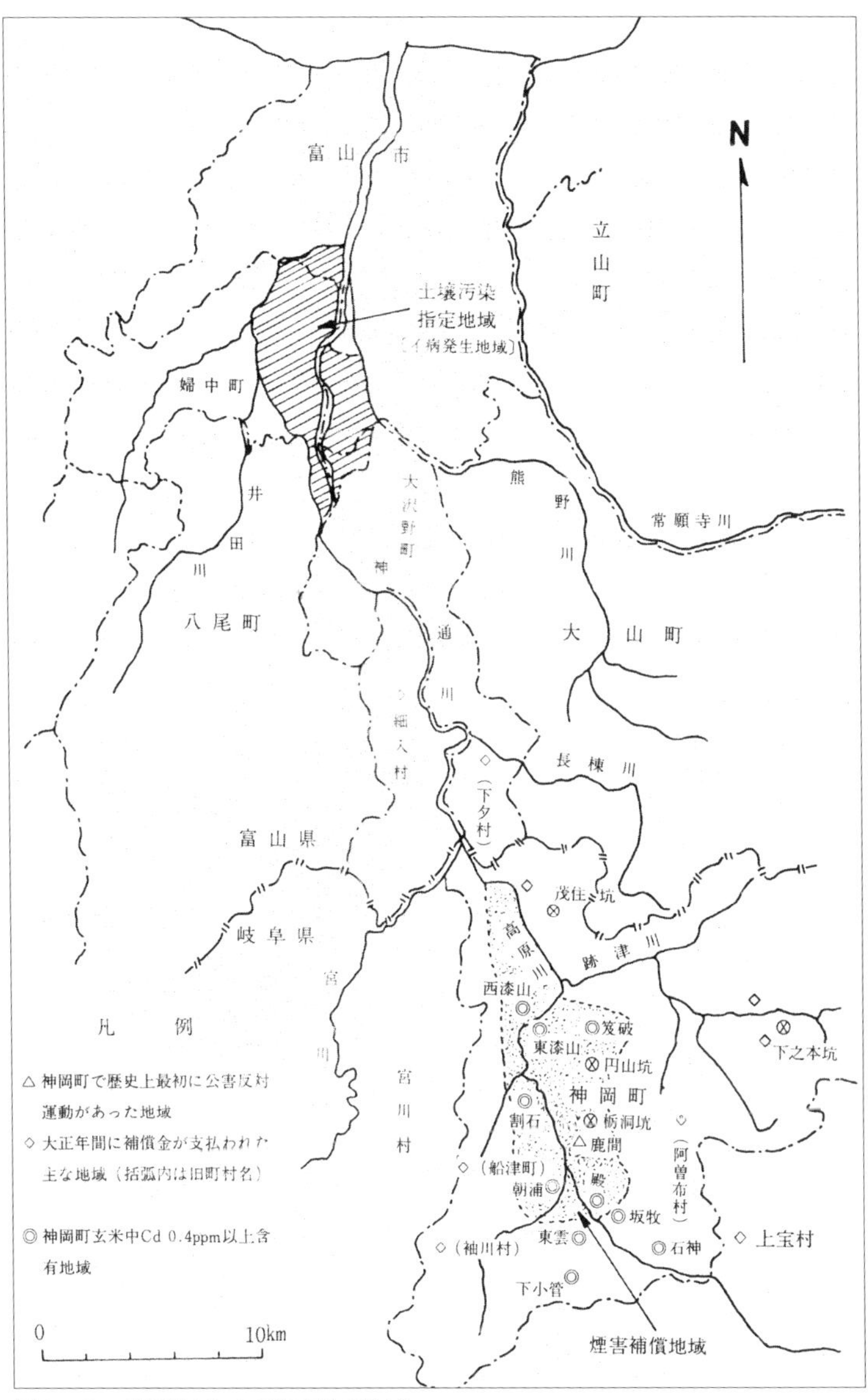

図２－３　神岡鉱山による鉱害被害地域

出所：発生源対策専門委員会委託研究班『神岡鉱山立入調査の手びき』神通川流域カドミウム被害団体連絡協議会、1978

かくて鹿間谷より排出される煤煙は作物にありてはこれをむしばみ、草木にありては、これを枯し、あたかもすべてのものをなめつくすが如し。うっそうたる青山も短期にして惨たる姿と化し、煙量の増加につれて、あくなき害毒は今や、加速度的に地上におけるすべてのものを自己の犠牲に供するに至れり。[14]

また、『岐阜日日新聞』を調べていくと驚くべき記事が目に飛び込んできた。一九一七（大正六）年八月八日付けに「危険性を帯び来（きた）れる飛騨鉱毒問題」として「一町三村の山河生色なし 人間は愚か牛馬も斃死（へいし）す」との見出しがある。

記事によれば、神岡鉱山の麓、船津町周辺では、「毒素である砒素、亜砒酸の散布が激しくて、牛馬の如き草食獣は草の表面についた毒素を食べたために、口内は腐乱して胃腸を害しただけでなく、毛色光沢を失い脱毛し、遂にはやせ衰えて死んでしまう。鶏なども鶏冠が暗灰色になり、萎縮し倒れる状態だ」[15]と、農作物や山林だけでなく、家畜まで影響が出ていると危険性を述べている。筆者がこの記事を目にした時、まず思ったのは、当時この記事がもし下流の富山県側にも配信されておれば、農漁業被害だけでなく、直感的に人間被害への危険性を察知するような、鉱毒への恐怖が伝わっていたのではないかという無念さである。

神岡鉱山の上流から下流へ、麓の神岡（船津町、阿曽布村、上宝村、袖川村）はもとより、富山県へも神岡の毒煙・毒水が容赦なく押し寄せていた。それもそのはず、神岡鉱山は第一次世界大戦が始まる直前から鉛・亜鉛とともに全国でほぼ独占的な地位を占めていたのである。神岡鉱山の鉱毒問題は、それま

●危險性を帶び來れる

飛騨 鑛毒問題

▽一町三村の山河生色なし
▽人間は愚か牛馬も斃死す

▽飛騨神岡鑛山　煙毒問題に就きては從來喧囂の聲ありて今尚ほ解決の運びに至らざるが去月二十八日吉城郡船津町字圓城寺に於ける三縣大會の席上同鑛山山田事務長の鑛毒被害の説明に依れば煙害中の鑛塵は電氣集塵法に依つて百分中九十六迄除去する事を得べきも

▽煤煙中の亞硫　酸瓦斯は千分の五を含有し足尾鑛山其他の設備に徴するも全然失敗に歸し今日に至るも未だ良法を發見せず唯一の方法は硫酸を製造するにあれど該設備を爲さんには二百萬圓の巨費を要し到底窮鑛山の收益經濟の現狀に鑑みて之を爲す能はず、畢竟するに鑛塵は砒素、亞砒酸、亞鉛、鉛、炭を主要性分として其害十分の六を占め瓦斯は硫黄の燃燒に依りて亞硫酸瓦斯を發生し其四を有するも

▽如上經濟の點　により遂に之が豫防法を施すは由なき旨を述べたるが若し果して右の如く恐るき鑛毒[illegible]一營利會社の經濟不[illegible]の故を[illegible]多[illegible]帝國臣民の生命財産を毀傷し其救濟方法を講ずる能はずとすれば再び同鑛山の存廢に言及せざるべからざるが抑も該鑛山の煙害問題たるや遠き以前より之を認め居たるも火製煉品少き爲め從つて其被害甚しからざりしより

▽左まで問題とも　爲さざりしが大正二三年頃より船津町大字下山中と稱する部落に於ける栗樹等々枯死し建築用として寸材を求むべからざるより大小豆、麥、粟、稗、瓜、茄子等の野菜類も雄粉雌粉の受孕能力を防遏せられ、又土壤の如きも著しく酸性を帶び植物堆肥の缺乏と相俟つて粘着力を失し作土は降雨毎に流失して畑地に殘るは只

▽累々たる石塊　のみと云ふ慘狀を呈し昨夏既に蕭條たる秋日の如き感あらしめたるに及んで遽然物議を生じ被害民は調書を作成して同鑛山に損害賠償を爲さしむべく數十回の交渉を重ねしも名を調査に藉りて賠償の要求に應ぜず船津町長を介して郡長に知事に歎願するも何等官廳として神岡鑛山に交渉を爲す

▽偶々知事郡長　の巡視あるも鑛山官舍に宿舍を取り知事の如きは未だ曾て船津町旅舍に宿泊せしを聞かざる狀態、上官にして斯の如くんば下級官吏の態度推して知るべきのみ被害民は只徒らに涙を呑んで荒蕪せる田圃に瘦軀を鞭撻し

▽肥料と勞力の　限りを盡して僅かに望むべからざる僥倖を欲するの有樣を呈するに至りぬ、次で歐洲時局の影響により專ら火製煉を爲すに至りたるより從つて毒素たる砒素、亞砒酸の散布甚しく牛馬の如き草食獸は草の表面に前記の如き毒素の附着し居るを食する結果として

▽口內腐爛して　胃腸を害し剩さへ毛色光澤を失して脱毛するのみに止まらず遂には羸瘦して斃死相次ぎ又家禽の如きも鷄冠暗灰色となりて萎縮傾倒する等實に名狀すべからざる狀態を現出するに至れるより此處に於て船津町民は斷然起て

▽烟毒豫防調査　會なるものを組織して第一、火製煉を廢せしむべき事第二、夏蠶不作の損害を賠償せしむる事の二項を決議し町民連署捺印の上委員長に大[illegible]蘭長氏副委員長に千葉初太郎、水谷[illegible]平の兩氏を推薦して神岡鑛山と交渉の結果後者夏蠶の項のみは一町一村の被害額三萬五千圓の要求に應ぜしめ各被害者に分配せしめたるが火製煉の撤廢に關しては

▽之れに應ぜず　殊に精錬、精[illegible]、營膳倉庫各科の就業夫數[illegible]百名の內半數は船津町住民にして先に前二項に對し贊成捺印せしもの、みなれば鑛山役員は事毎に彼等を壓迫し若し捺印せざれば解雇すべし等と橫暴の限りを盡すに至りたるもの[illegible]

▽工夫も色を失　ひ本月二日同町洞雲寺に集合種々協議の結果決議書を作成したるが其の要點は「山田事務長は煙害の一たる亞硫酸瓦斯は會社の經濟上之を防遏する能はずと云ふにあるも斯くの如くにして經過せんか今後七年或は十年後には歷史ある船津町は白河原となるや必せり故に我等は第一、荒廢せる郷土の

▽山河を見るに　忍びず第二、神社佛閣の湮滅を恐る第三、家祖の墳墓の荒廢するを看過するは子孫として忍びざる以上の四大理由により強固なる決心を以て鑛山に反對の決議を爲し全部一致の歩調を採り若し一名たりとも解雇するが如き事ありせば

▽結束して休業　する事に決議し其旨幹部に申出でたるが熱烈火の如き彼等の擧措に大いに意を強うしたる船津町民は飽く迄所期の目的たる火製煉の撤廢に就き鑛山に肉薄する筈なりと」、尚

▽去る五日正午　より同町千鳥座に一町三ケ村有志者の鑛毒問題に對する演説及び協議會を開會したるが非常の[illegible]なりしといふ

1917（大正6）年8月8日付け『岐阜日日新聞』

での岐阜県・富山県の地元紙にとどまらず、ついに全国紙に掲載された。一九一七（大正六）年六月三〇日付けの『東京朝日新聞』は「欧州戦争の為め、同鉱山の事業拡張に伴ひ鉱毒の惨害亦激甚となり」[16]と、第一次世界大戦による神岡鉱山の事業拡大を伝えている。

●飛騨鑛山の鑛毒騒ぎ
▽農民の不穏

飛騨吉城郡船津町地内東茂重及東漆山の金岡鑛山は三井家の經營に係るものなるが東茂重より船津町に到る約四箇村に亙る荒木川沿岸各大字は近年鑛毒の爲農作物の成育宜しからず山林の樹木枯死し漁獲物は皆無にして山嶽の

▲土壤は脆弱

となり山崩れの箇所少からざるが歐洲戰爭の爲め同鑛山の事業擴張に伴ひ鑛毒の慘害亦激甚となり、本年は桑葉の收穫皆無なるのみならず養蠶の飼育は絕對に不可能となりたれば東漆山農民一同は最早傍觀する事能はずとして其の被害地農民を語らひ二十六日午後二百餘名は船津町役場に押寄せ同町長に向つて速かに三井家に對し鑛毒を除外し賠償金を出さしむる筈

▲農民の救助

方に就て盡力ありたしと迫りて動かず町村長は激昂せる農民を懇諭して引取らしめたるが町役場は船津警察署長と協議の上金岡鑛山員立會の上實地調査を爲す事となり二十八九兩日に亙り調査中なるが三井家に於て速かに相當の處置に出でざれば農民は不穏の擧に出づるやも圖られずとて船津署にて警戒中なり（船津特電）

1917（大正6）年6月30日付け『東京朝日新聞』

表２―３は吉田文和がまとめた「鉛、亜鉛生産における神岡の位置」の年間推移であるが、神岡鉱山は、第一次世界大戦が始まる頃には、全国の六割から七割を占め、三井鉱山はもちろん三井財閥全体でも稼ぎ頭になっていく。

表２－３　鉛、亜鉛生産における神岡の位置

	鉛生産			亜鉛鉱		
	神岡	全国		神岡	全国	
年	t	t	%	t	t	%
1898(明治31)	346	1,703	20			
1899(明治32)	662	1,988	33			
1900(明治33)	599	1,878	32			
1901(明治34)	773	1,803	43			
1902(明治35)	1,038	1,644	63			
1903(明治36)	1,271	1,725	74			
1904(明治37)	1,289	1,803	71		453	
1905(明治38)	907	2,272	40		4,038	
1906(明治39)	1,927	2,813	69	1,771	18,414	10
1907(明治40)	2,425	3,079	69	5,794	18,495	31
1908(明治41)	2,228	2,910	77	8,843	15,433	57
1909(明治42)	2,443	3,429	71	10,593	17,348	61
1910(明治43)	2,634	3,907	67	11,225	20,644	54
1911(明治44)	2,962	4,125	72	15,435	20,260	76
1912(大正元)	2,940	3,733	79	19,730	32,996	60
1913(大正２)	2,615	3,777	69	21,831	32,672	67
1914(大正３)	2,723	4,562	60	23,383	32,334	72
1915(大正４)	2,947	4,764	62	24,721	37,110	67
1916(大正５)		11,371		24,351	63,433	38
1917(大正６)		15,807		24,053	54,620	44
1918(大正７)	3,776	10,684	35	20,314	54,504	37
1919(大正８)	3,089	5,771	54	24,903	36,628	68
1920(大正９)	1,313	4,167	32	23,127	35,595	65
1921(大正10)	1,316	3,138	42	23,404	24,707	95
1922(大正11)	2,198	3,239	68	21,924	21,924	100
1923(大正12)	2,075	2,700	77	21,632	24,876	87
1924(大正13)	2,439	2,941	83	19,217	22,649	85
1925(大正14)	2,488	3,337	75	19,063	28,933	66
1926(昭和元)	2,757	3,610	76	20,298	29,929	68
1927(昭和２)	2,620	3,394	77	21,378	33,097	65
1928(昭和３)	2,597	3,653	71	20,423	29,499	69
1929(昭和４)	2,511	3,374	74	21,860	28,666	76

出所：吉田文和「非鉄金属鉱業の資本蓄積と公害：神岡鉱山公害をめぐる技術と経済(1)」『経済論叢』第118巻第5・6号、京都大学経済学会、1976

第一章の終わりに、初めて利益金が五万円を計上したお祝いが神岡鉱山の地元船津町の大賀楼であったことを述べたが、第一次世界大戦の頃の神岡鉱山の純益金はその比ではない。例えば、一九一四（大正三）年に五四万七四五八円であった純益は、翌年一九一五（大正四）年には一挙に倍増し、一〇七万三〇二四円、一九一六（大正五）年が一七六万六〇〇七円、一九一七（大正六）年、一五五万三九〇三円、第一次世界大戦の終わる一九一八（大正七）年に一一九万二六〇三円と[17]、神岡鉱山としても三井鉱山としても、純益のピークを作った。

こうした亜鉛の多くの産出とそれに伴うとてつもない神岡鉱山の利益は、すなわち、カドミウムを含んだ毒水を下流の神通川流域に流し込んでいたことにほかならない。

前掲の「イタイイタイ病要治療者発病推定年次集積グラフ」では、一九三五（昭和一〇）年頃から一九六〇（昭和三五）年頃にかけての約二五年間に発病したであろう患者が多く、特に一九四六（昭和二一）年から一九四七（昭和二二）年頃が最高となっている。カドミウムは曝露から約三〇年で発病する。となれば、この第一次大戦の頃に莫大な利益をあげた神岡鉱山、すなわち三井鉱山からの鉱毒は、三〇年後に神通川下流の農民たちにあまりに苛酷な犠牲を強いたことは疑いようがない。

「亜鉛も国家なり」とは筆者の造語であるが、日本は、国家と財閥が手を組み、直接、間接に国策として第一次世界大戦に加わった。その尖兵となった亜鉛は、神通川下流に世界最大のカドミウム被害をもたらした。神岡鉱山の地元も下流の富山県の農民たちもこの国策の前に無視されつづけた。

『神岡町史』に年不詳として掲載されている一通の「鉱毒防止に関する宣言・決議」がある。おそらく第一次世界大戦の頃の宣言・決議ではないかと筆者は推測するが、「麻生野区・鈴木睦好家蔵」となっているから、煙毒の激しかった阿曽布村からの鉱毒防止への切々たる訴えであろう。

宣言

夫レ郷土ヲ愛スルノ心ハ、即チ国家ヲ愛スルノ心ナリ、郷土ノ隆盛ヲ庶幾フハ、即チ国家ノ富強ヲ庶幾フ所以ナリ、若シ夫レ郷土疲弊荒廃ニ帰センカ、国家ノ不幸亦大ナリト謂フヘシ、サレバ吾人ハ夙夜我郷土ノ福利増進ヲ念トシ、同胞ノ幸福安泰ヲ庶幾ハザルナシ、然ルニ不幸、今ヤ神岡鉱山ノ鉱毒ハ劇甚ヲ極メ、人畜ノ健康ヲ脅カシ、農作物ヲ害シ、山野ヲ荒廃ス、則チ我郷土ハ将ニ危急存亡ノ分水嶺ニ立テリ、死活ハ殆ト目睫(もくしょう)ノ間ニ迫レルカ如シ、故ニ吾人同胞ハ一刻ノ猶予ヲ俟タズ一斎ニ起タザルベカラス、起ッテ己ガ死地ヲ脱セザルヘカラス、祖先ノ墳墓ノ地ヲ守ラサルヘカラズ、郷土ヲ擁護支持セザルヘカラサランヤ、之レ国家奉公ノ務ニシテ、同時ニ吾人当然ノ権利ナレバナリ[18]

この宣言はまさに富国強兵・殖産興業の国策に邁進する国家への、神岡鉱山の地元住民からの必死の願いである。農作物だけでなく、すでに人畜の健康を脅かしているとの文言も見受けられる。祖先から続くこの地を守ることこそ、国家への奉公であり、人間としての生きる権利であると毅然と主張している。まさに、「国家とは何か」を厳しく問う言葉ではないか。

神岡町民の住民反対運動が最も激しかったこの頃の動きを『神岡町史』からまとめてみる。一九一七(大正六)年、船津・袖川・阿曽布・上宝の一町三ヵ村で組織された高原郷擁護同盟会は①神岡鉱山に対し、速やかに鉱煙除外の設備を請求すること、②被害物件を調査し、神岡鉱山に賠償を要求すること、③除外の設備ができなければ、火製錬場の撤廃を要求すること、④要求に応じない場合は、衆参両議院へ請願書を提出し、上京して意見を述べることなどの決議書を発表した。[19]このような決議書が出されたのは、砒素や亜砒酸などが含まれる鉱塵と亜硫酸ガスによる煙害によって、農産物・養蚕・山林・果実などに著しい被害が発生したからである。一九一八（大正七）年、鉱山は電気集塵機を設置したが、鉱山における新技術の導入と合理化は、亜鉛や鉛、また、当時はまだ気づかれていなかったカドミウムなどの廃滓の細粒化を招き、それが大量の廃水と一緒に放出され、下流の富山県内・神通川沿岸の水田や漁業などに大きな被害を与えていた。

このように大正期は神岡鉱山の繁栄の影で、地元神岡町において、歴史上最も激しい鉱害反対運動が広がった時期と言える。

これに対し富山県側では、一九二〇（大正九）年二月に上新川郡農会が、東園県知事と農商務大臣に鉱毒から田畑を守るための施設設置を求める建議書を提出した。その内容は「上新川郡における田地一万町歩（約一万ヘクタール）のうち、神通川の水源によって灌漑しているのは大沢野村・大久保町・新保村の三町村一三七四町歩（約一三七四ヘクタール）である。灌漑区域の用水とともに土砂が流入する田地は、鉱毒のため稲は発育に変調を来して登熟しない。このような状況は国家の農政問題として重大であり、鉱山経営者が適切な鉱毒除害施設を作るよう、またその施設の調査をするよう建議する」[20]ものであった。さらにこの年の一二月、富山県議会も富山県知事あてに次のような建議書を提出した。

神通川上流岐阜県ニ於ケル神岡鉱山ノ事業経営後年ヲ逐フテ土砂ト共ニ鉱毒ハ流下シ為メニ附近農作物ノ損害ヲ被ルコト甚シ依テ県当局ニ於テ速ニ被害防禦ノ策ヲ講セラレン事ヲ望ム

右本会ノ決議ニ依リ建議候也[21]

日本経済減速、生産合理化へ

神岡鉱山に稼ぎのピークを作った第一次世界大戦は、やがて一九一八(大正七)年に終戦となる。第一次世界大戦後の反動は恐慌となって現れ、一九二三(大正一二)年九月の関東大震災の突発もあり、日本経済は急速に減速していく。それに伴い、内外の亜鉛需要は急減する。全国の鉱山では閉山に追い込まれた重要鉱山も少なくなかった。ただ、三井の傘下にある神岡鉱山は、第一次大戦期の巨大な資本蓄積で、他の鉱山に比べて不動の地位を守っていた。そうはいっても一九一九(大正八)年以降は欠損を生じるようになった神岡鉱山では、経営悪化をくいとめるために生産の合理化が求められるようになった(図2―4参照)。

生産の合理化の第一は、生産の量産化であり、第二

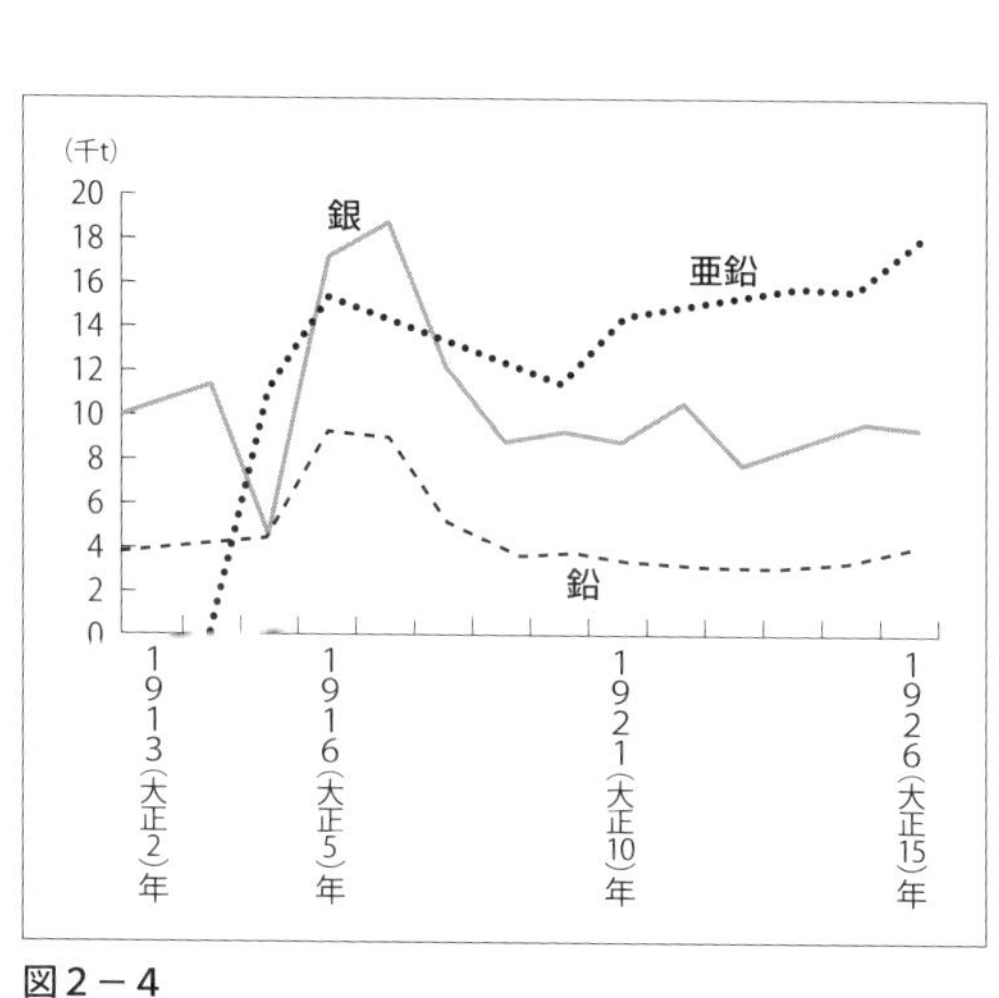

図2－4
大正時代の銀・鉛・亜鉛の生産量
出所：飛騨市教育委員会『神岡町史　通史編１』飛騨市教育委員会、2009

は人員の合理化である。生産の量産化につながるのは新技術の導入であり、すでに神岡鉱山では、一九一七（大正六）年以降、栃洞坑をはじめ、各坑において手掘りに代わり、本格的に削岩機の使用が始まっていた。

また選鉱においても、長年続けられてきた比重選鉱法は、鉛と亜鉛の選鉱が不十分で採取率が悪かったために、浮遊選鉱法が導入されていった。浮遊選鉱法とは、粉砕した鉱石を、油や起泡剤を加えた水に入れてかきまぜ、ぬれにくい鉱物粒子を気泡に付着させて分離・回収する方法で、廃物を出すことを節約することが可能になっていった。

ただ、問題は、こうした新技術の導入の目的はあくまで生産の合理化にあり、鉱毒防止の要求に応えての新技術導入ではないことである。吉田文和は、採鉱・選鉱・製錬の三部門からなる非鉄金属の生産過程において、「神岡鉱山では、採鉱部門からは坑内水、捨石、選鉱部門からは廃滓、廃水、製錬部門からは排煙、粉塵、カラミ（引用者注：鉱石を精錬する時に生ずるかす、スラグのこと）などによって、イタイイタイ病原因物質のカドミウムが流出していた」[22]と述べているが、第一次大戦後の新技術導入、人員の合理化、鉱毒防止の関係について、次のような報告がある。

削岩機　出所：鉱山資料館（飛騨市神岡町）　筆者撮影

> 採鉱過程においては、原鉱品位が低下し、より一層の採鉱量の増大を要請したが、大戦後賃金が上昇し、手掘りの有効性が喪失したため、一九二四年頃以降、切羽（引用者注：掘削が行われている現場）へ削岩機が全面的に導入され、採鉱夫は一九一七年の七二四人が一九二七年には二五六人へと激減した。その結果、採鉱夫一人当たりの採鉱量が著増し、神岡鉱山全体の採鉱量は、一九二九年には一八年に比べて約二・五倍増加した。他面、削岩機の全面的採用は、一方では一層原鉱品位を低下させ、それゆえ一層の選鉱技術の発展を要請し、他方では手掘りを基礎にして成立していた飯場制度と友子同盟を解体する要因となった。こうして、削岩機の全面的導入によって、坑内水・廃石とも増大し廃石の一部も細粒化し流出しやすくなったが、それらに対し三井は全く対策を講じなかった。
>
> 選鉱過程においては、削岩機の全面的採用の前後より生じた粗鉱品位の急減とともに、実収率も六〇％台を低迷するに至った。そのため一層の微細鉱石を選鉱する技術開発の必要性が増大し、一九二六年全泥優先浮選法に成功し、翌年から同法を採用した。全泥優先浮選法は実収率を大きく増大させた（中略）。しかし、選鉱廃滓の増大、さらには同法採用による廃滓中の金属の細粒化にもかかわらず三井は何ら対策を講じなかったために被害が拡大していった。[23]

この報告に基づき、第一次世界大戦に象徴される大正期の神岡鉱山の流れを要約すれば、大戦に伴う亜鉛の急増から、大戦後の不況に伴う人員削減という合理化の推進、生産性の上昇を目的とする新技術の導入が一気に進んだ。しかし、これによって追求されたのは労働力の節約・費用価格の低下・利潤の確保であり、前述した農民・漁民による必死の要求であった公害防止設備の充実は相変わらず無視されていたのである。

参考までに第一次世界大戦の頃からの神岡鉱山における「選鉱原鉱量および廃物化亜鉛量の推移」を図2―5で示す（選鉱原鉱量の単位は「万トン」、廃物化亜鉛量の単位は「千トン」）。このグラフは太平洋戦争敗戦までの推移を示しているが、とりあえず一九一六（大正五）年から一九二八（昭和三）年あたりまでの推移を見ると、合理化と新技術の導入が進んだこの期間における

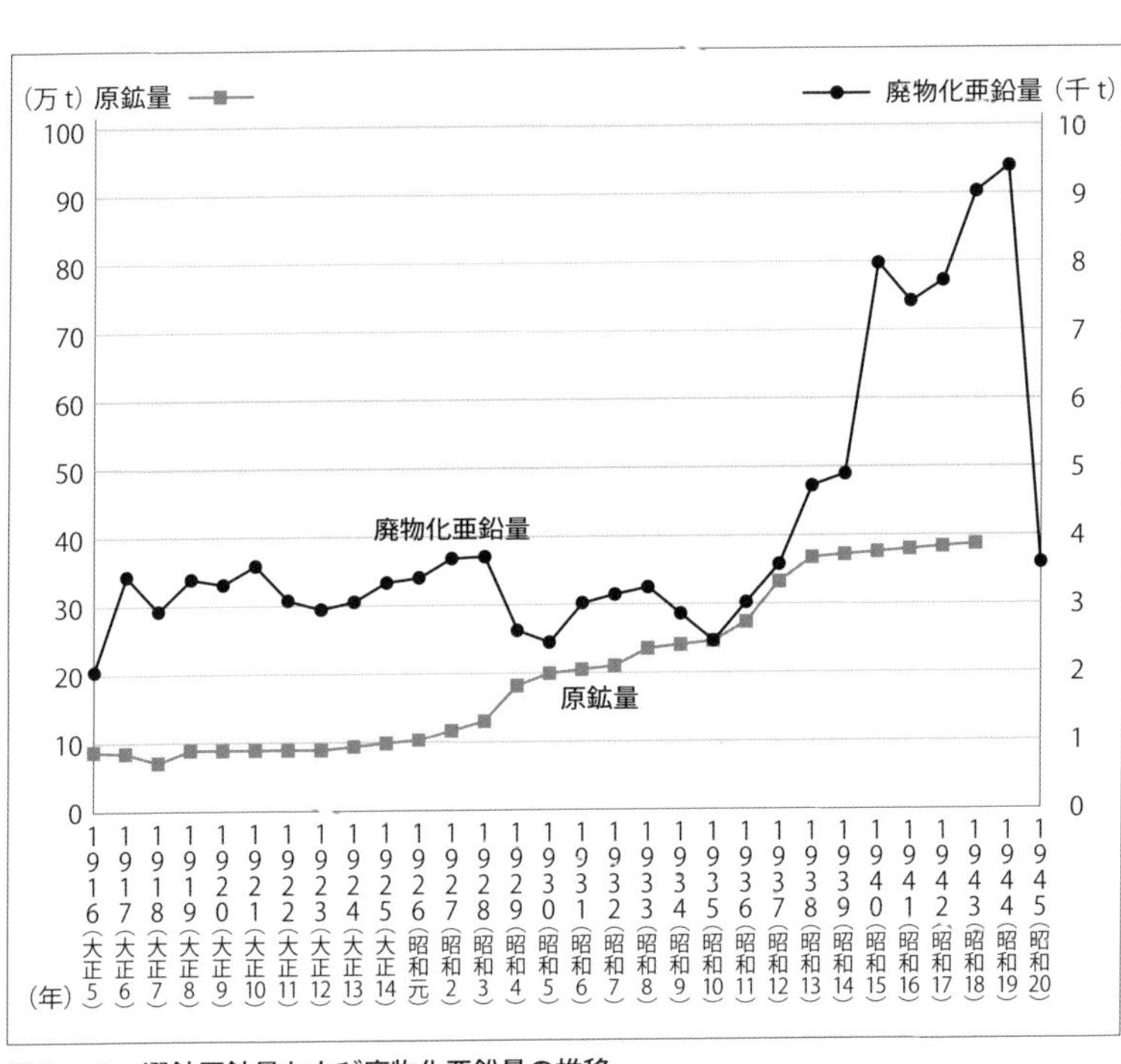

図2－5　選鉱原鉱量および廃物化亜鉛量の推移

出所：神通川流域カドミウム被害団体連絡協議会委託研究班『イタイイタイ病裁判後の神岡鉱山における発生源対策』1978

廃物化亜鉛量は一向に減少していないことがわかる。このグラフに前掲の「イタイイタイ病要治療者発病推定年次集積グラフ」を重ね合わせると、第一次大戦期にイタイイタイ病要治療者の発病が急上昇していることと無縁でないことがわかる。

「選鉱原鉱量および廃物化亜鉛量の推移」のグラフでは、日中戦争から太平洋戦争にかけての廃物化亜鉛量の急激な増大が明らかであるが、このことについては、第三章、第四章で考察する。

引用文献

[1] 荒畑寒村『谷中村滅亡史』岩波書店、一九九九
[2] 一九一一（明治四四）年五月三日付け『北陸政報』
[3] 三井金属鉱業株式会社修史委員会『続神岡鉱山史草稿その一』一九七三
[4] 利根川治夫「明治後期および大正年間における鉱山公害問題」（二）『国民生活研究』第一五巻第三号、一九七五
[5] 坂本雅子『財閥と帝国主義』ミネルヴァ書房、二〇〇三
[6] 三井金属鉱業株式会社修史委員会『続神岡鉱山史草稿その二』一九七三
[7] 三井金属鉱業株式会社修史委員会『続神岡鉱山史草稿その二』一九七三
[8] 山田久次郎「明治・大正・昭和（一一年まで）時代の亜鉛鉱輸出入貿易の実況」『三井金属修史論叢』第五号、三井金属鉱業株式会社修史委員会、一九七一
[9] 神岡浪子『日本の公害史』世界書院、一九八七
[10] 一九一六（大正五）年一一月一日付け『北陸タイムス』
[11] 一九一六（大正五）年一一月二四日付け『北陸タイムス』

[12] 一九一七(大正六)年八月七日付け『富山日報』
[13] 一九一七(大正六)年九月一八日付け『北陸タイムス』
[14] イタイイタイ病訴訟弁護団編『イタイイタイ病裁判 第一巻 主張』総合図書、一九七一
[15] 一九一七(大正六)年八月八日付け『岐阜日日新聞』
[16] 一九一七(大正六)年六月三〇日付け『東京朝日新聞』
[17] 吉田文和「非鉄金属鉱業の資本蓄積と公害:神岡鉱山公害をめぐる技術と経済(一)」『経済論叢』第一一八巻第五・六号、京都大学経済学会、一九七六
[18] 神岡町『神岡町史 資料編 近代・現代一』二〇〇四
[19] 飛驒市教育委員会『神岡町史 通史編二』二〇〇九
[20] 大沢野町史編纂委員会『大沢野町史』大沢野町、二〇〇五
[21] 婦中町史編纂委員会『婦中町史 資料編』婦中町、一九九七
[22] 吉田文和「非鉄金属鉱業の資本蓄積と公害:神岡鉱山公害をめぐる技術と経済(一)」『経済論叢』第一一八巻第五・六号、京都大学経済学会、一九七六
[23] 神通川流域カドミウム被害団体連絡協議会委託研究班『イタイイタイ病裁判後の神岡鉱山における発生源対策』一九七八

参照文献

1、吉田文和「非鉄金属鉱業の資本蓄積と公害:神岡鉱山公害をめぐる技術と経済(一)」『経済論叢』第一一八巻第五・六号、京都大学経済学会、一九七六
2、吉田文和「第1次大戦後不況下における鉱山公害問題:神岡鉱山公害をめぐる技術と経済(二)」『経済論叢』第一一九巻第一・二号、京都大学経済学会、一九七七

3、倉知三夫・利根川治夫・畑明郎編『三井資本とイタイイタイ病』大月書店、一九七九
4、松波淳一『定本　カドミウム被害百年　回顧と展望』桂書房、二〇一〇
5、三井金属鉱業株式会社修史委員会『続神岡鉱山史草稿その三』一九七四
6、坂本雅子『財閥と帝国主義』ミネルヴァ書房、二〇〇三
7、金澤敏子・向井嘉之ほか『米騒動とジャーナリズム　大正の米騒動から百年』梧桐書院、二〇一六
8、神通川流域カドミウム被害団体連絡協議会委託研究班『イタイイタイ病裁判後の神岡鉱山における発生源対策』一九七八

第三章　国策と棄民の連鎖

――日中戦争とイタイイタイ病

鉱毒被害拡大

深刻な世界的大不況の中で、元号が昭和と改まった。

一九二七（昭和二）年の金融恐慌、一九二九（昭和四）年のニューヨーク株式市場の暴落に始まった世界恐慌は亜鉛の価格を第一次世界大戦の半値以下にまで落としてしまい、神岡鉱山でもさらなる合理化が急務となっていった。第二章で述べたように、合理化はむしろ鉱毒の拡大を生んでいた。

神岡鉱山では、あらたな選鉱方法として、一九二八（昭和三）年、細粋した鉱粒を処理できる優先浮遊選鉱法が実用化され、生産量が増大したが、このため、必然的に廃滓、廃水が増え、ますます河川の汚濁がひどくなった。

河川の汚濁は農業よりもまず漁業に被害を与えた。一九三二（昭和七）年三月、鉱山地元の吉城郡・大野郡水産会の金子伝次郎が鉱山監督局に「神岡鉱山の有害物の故意の投棄により一五〇〇名の会員すこぶる救恤（きゅうじゅつ）におちいる」[1]として鉱毒放流防止について申請を行った。同年一二月には富山県水産会長から、翌年三月には、富山・上新川（かみにいかわ）・婦負（ねい）の三水産会長から鉱山廃滓毒防止設備拡張改善の件として「神岡鉱山から廃棄された鉱滓・毒汁の為、下流の水質が極度に汚濁して魚類の繁殖率が大減退し、神通川流域の漁労者二八〇〇名が損害を蒙っているので根本的防除設備をせよ」[2]と要請された。

鉱山地元だけではない。富山県の新聞記事にも神岡鉱山の鉱毒記事が次々と登場するようになった。一九三二（昭和七）年の各紙を渉猟（しょうりょう）すると、四月八日付け『北陸タイムス』には「神岡鉱山の鉱毒流出　近年殊におおくなる」との見出しで、農漁業被害の拡大について各自治体の長がこぞって知事に陳情しているし、五月一日付け『富山日報』には、灌漑用水や飲料水に被害を蒙っているため、近く

神通川の鑛毒
どの程度か水質檢査
縣衛生課技師一行近日調査

神通川上流高原川へ三井神岡鑛山が鑛毒を流下するため下流沿岸民が灌漑、飲料水に大なる被害を蒙り衛生上大問題であるとし上新川、婦負兩沿川民は縣當局へ去る二十六日陳情書を出したのであるが、更に兩岸町村當局は三井鑛山側に直接その大害毒ある實況を示して不當處置の改廢を迫ること、し近日中に縣衛生試驗場技師數名をして神通川上流笹津附近の外四ケ所で水質檢査を行ひ、この分析表をつくり更に灌漑水が農作物を害する程度をも表とし內務、商工兩省へも陳情することにした

1932（昭和7）年5月1日付け『富山日報』

神岡鑛山の鑛毒流出
近年殊に多くなる
農業、漁業上影響甚大
本縣關係町村長知事へ陳情

岐阜縣神岡鑛山精錬所より流出する鑛毒は近年ますく多くなりために隣接する富山縣婦負郡附近一帯にわたつて農作物漁業上に及ぼす被害が甚大なるものありこれがため同郡杉原、熊野、鵜坂、大澤野、大久保等の各町村長及び縣水產組合長水利組合關係者等十餘名が四日午後婦負郡宮川村宮川旅館において集合、對策協議の結果鈴木富山縣知事に對し岐阜縣へ鑛害を流出せしめざる様嚴重交渉方陳情することに決しその一切の方法は大澤野・大久保、新保各町村長は一任し午後四時散會した

1932（昭和7）年4月8日付け『北陸タイムス』

神通川の鮎を毒し
水田に大被害の鑛毒
三井神岡鑛山神通の水を汚し
下流農村水産會糾彈

神通川上流高原川へ三井神岡鑛山が多量の鑛毒を流下させ、殊に最近その弊が甚だしくなつたゝめ下流左右兩沿川民の灌漑水及び淡水漁業に大打撃を與へたので對策協議中の處、大澤野、新保、大久保杉原、熊野、宮川外六ケ町村では水産會と提携して神通川鑛毒流下防止期成同盟會の組織を了し、將來の活動資金等の捻出方法を整え『吾等の原始産業を護れ！』と生活擁護の眞劍な活動を進めてゐるが、三井神岡鑛山側では今尚流水かおびたゞしい變色する迄に鑛毒を流し田植を終つたのみの田や解禁迫る名物鮎漁には甚大の被害あるものとあつて、代表町村長及び期成同盟會幹部二十數名は大擧し、近日中に現場調査に登る事とし、一方縣衞生試驗所に鑛毒含有流水を提示し、その分析を依頼するもこれを拒まれたので愈々硬化し、富山藥專校又は他縣衞生試驗場へ依頼し水質検査をして生々しい毒流の状況を目前に示さねばならぬと輿論が沸騰してゐるが、期成同盟會では飽迄目的達成のはぞを固め注目されてゐると

1932（昭和7）年6月17日付け『富山日報』

鑛毒問題
岐阜縣富山側に合流
いよ〳〵本格的猛運動
上流山林枯れ鮎も岩魚も居ない

神通川上流三井、神岡鑛山の不盡なる鑛毒放流問題は富山、上新川婦負の一市三郡被害三十數ケ市町村民の奮起により生命線を護る死活問題だけに硬化、既報の如く五日上縣陳情する事になつたが

岐阜縣 吉城郡上寶村及び阿曾布村でも林産等に大損害を蒙り大損害を見てゐるので今日迄持久的執拗な折衝で三井鑛山當局の自發を促してゐたけれ共、一向にその効果がないといふので三井、神岡鑛山に強硬に迫りつゝある富山縣側に合流して本格的猛運動をやる事と決定した、前記阿曾布、上寶兩村の山林は神岡鑛山の鑛毒から一部全く不毛の地となり、更に

高原川 の岩魚、鱒等減り又は棲息しなくなつたといふのであるが、神通川の鑛毒防止運動は岐阜、富山兩縣農民の蹶起で重大化して來た

1932（昭和7）年9月4日付け『富山日報』

水質検査をして直接、神岡鉱山へその害毒を示したいとの記事もある。同じ『富山日報』は、六月一七日付けの紙面で、「神通川の鮎を毒し水田に大被害の鉱毒」との記事を掲載、すでに神通川下流の両岸住民と水産会が提携して「神通川鉱毒防止期成同盟会」を組織して、現場調査に向かうことを伝えている。

このあと、九月四日付け『富山日報』には、「岐阜県吉城郡の山林も枯れ、高原川には鮎も岩魚(いわな)も棲息しなくなった。この上は、岐阜県も富山県側に合流して本格的な猛運動を展開することを決定した」記事がある。

鉱毒問題は一九三二(昭和七)年から翌年一九三三(昭和八)年の各紙に散見できるが、被害が両県で甚大だといいながら、具体的解決へ向かう記事の掲載はない。

第二章で述べた大正時代、一九一七(大正六)年からの賠償金・見舞金支払一覧の資料(表3―1)がある。船津町・阿曽布村・袖川村はのちの神岡町にあたるが、神岡鉱山のいわば地元被害と富山県側の被害に対し、神岡鉱山は補償金や賠償金、あるいは寄付という形で住民の苦情や抗議を回避している。この記録によれば、時により行政が被害を受けた農漁民と会社側の裁定を行ったことがわかる。いずれにしても会社側は、根本的な解決ではなく、わずかな補償金や見舞金などで紛争を抑えてきたのである。

表3－1　賠償金・見舞金支払一覧（1917〜1944年）

支払年	補償金額		町村名	備　考
	農林関係	漁業関係		
1917（大正6）	45,658円		船津町、阿曽布村	岐阜県吉城郡長、船津町長の裁定による。
1918（大正7）	53,659		船津町、阿曽布村、袖川村、上宝村	三井の査定額により示談、見舞金1,285円を含む。
〃	1,450		富山県下夕村	富山県庁の裁定による。被害民の要求額は、15,319円。
1919（大正8）	500		富山県細入村	富山県庁の裁定による。
1920（大正9）		500		人工ふ化場設置費。要求額毎年150円。
1922（大正11）	600		阿曽布村下之本	農業用水路設置費500円。農業改良奨励金100円。要求額250円。
1923（大正12）	1,000		船津町東茂住	
1925（大正14）	1,870			見舞金1,670円、奨励金200円。損害額2,800余円。
1927（昭和2）	2,250		神岡町	救恤金、要求額の56%
1928（昭和3）	2,535		神岡町	見舞金、要求額の51%
1930（昭和5）	6,392		神岡町	320戸へ支払う。
1933（昭和8）		100	神岡町	
1934（昭和9）		200	神岡町	寄　付
1935（昭和10）		100	神岡町	寄　付
1937（昭和12）		1,200	神岡町	養魚開発援助のための寄付
1944（昭和19）	3,085		神岡町	**見舞金**

出所：神通川流域カドミウム被害団体連絡協議会委託研究班『イタイイタイ病裁判後の神岡鉱山における発生源対策』1978

侵略への軍事行動

ところで不況下にある当時の日本は、経済のみならず政治体制もきしみ始めていた。一九三一（昭和六）年、当時の満州（現在の中国東北地方）では柳条湖事件が発生、南満州一帯で日本の関東軍が軍事行動を開始、この満州事変以後の関東軍は、またたく間に満州を軍事的支配下においた。そもそも柳条湖事件というのは、九月一八日の夜、当時の奉天、現在の遼寧省・瀋陽郊外にある柳条湖附近で、闇の中、三人の中国人が南満州鉄道を爆破しようとしたとされる事件だが、線路をわずかに破壊しただけだった。関東軍はこれを口実に軍事行動に移ったのである。事実関係については、爆破したのは中国人ではなく関東軍で、自作自演による軍事行動への足掛かりを作ることにあったといわれる。

筆者は一九九六（平成八）年一二月、柳条湖の現場を訪れたが、爆破された線路の脇に立っている九・一八歴史博物館の異様な姿が印象に残っている。

柳条湖事件の翌年、一九三二（昭和七）年、満州への

9・18博物館　　1996（平成8）年12月　筆者撮影

奉軍滿鐵線を爆破
日支兩軍戰端を開く
我鐵道守備隊應戰す

【奉天十八日發至急報電通】本日午後十時三十分奉天駐在の我鐵道守備隊と北大營の東北陸軍第一旅の兵と衝突目下激戰中である

我軍北大營の兵營占領

【奉天十八日發至急報電通】本日午後十時半北大營の西北において暴戾なる支那兵が滿鐵線を爆破し我が守備兵を襲擊したので我が守備隊は時を移さずこれに應戰し大砲をもつて北大營の支那兵を砲擊し北大營の一部を占領した

【奉天十八日發聯合】十八日夜十時半北大營西北側において支那兵と我守備隊兵と交戰が開始されたが續いて十一時二十分獨立守備隊は全力をあげて北大營を攻擊し駐在二十九聯隊は友軍の危機を救ふ目的で商ふ地內の支那兵を掃滅すべく攻擊中である、目下砲聲折々全市を震動しつゝある

奉天城へ砲擊を開始

【奉天十八日發電通】午後十一時二十分我軍は北大營の支那兵營の一部を占領した

【奉天十八日發至急報電通】我軍は奉天城に向つて砲擊を開始した（午後十二時）

駐在二十九聯隊出動

【奉天十八日發至急報電通】北大營（奉天北方三マイル）における日支兩軍の激戰はなほ盛んに續けられてゐる、奉天駐在の第二十九聯隊および鐵道守備の獨立守備隊第二大隊は總動員し出來るだけ勢力を割いて午後十一時應援に向つた

【奉天十八日發至急報電通】日支兩軍衝突のため奉天駐在の第二十九聯隊及び獨立守備隊は左の如く各部署についた

一、奉天守備隊〇〇個中隊は支那北大營兵營攻擊二、駐在隊は稻見中佐引率の下に付屬地の治安維持に當る

三、第二十九聯隊は友軍援助のため商ふ地における支那兵を掃滅する

奉天付近には
約三大隊の日本軍
在住邦人は二萬余人

今回日支軍衝突の火ぶたが切られた北大營は奉天城外約三マイルの一部落で、支那兵營の所在地である、なほ現在奉天付近には約三個大隊の日本軍が駐在してゐるから、この三大隊のいづれかと衝突したものと思はれる、現在滿洲にある我軍の總兵力は平時一個師團の三分の二に相當する駐在師團と六個大隊の鐵道守備隊が分駐してゐる、また奉天に居住する日本人は昭和五年十月末の調査によると二萬六千余人である

某所へも入電

奉天における我守備隊と中國奉天軍との衝突について我が某所にも十九日午前二時ころ大體の情報が到着したがそれによると衝突の原因は別項記事の如く奉天軍の鐵道破壞によるものであつて、衝突激戰の結果我守備隊は奉天軍第一旅の兵營北大營の一部を占領し、交戰を續けてゐるとの事であると

奉天城正門（上）と城內市街地（下）

1931（昭和6）年9月19日付け『東京朝日新聞』

けふ！三月一日

新滿洲國生る

珍しい吉日で急に繰上げ

【奉天特派員二十九日發】新滿洲國は三月一日を以て建國されることとなつた 一時延期されることに決定された建國日が急に方針を變更して最初の豫定たる三月一日に繰あげられた理由は 三月一日が清朝の日出度き記念日であるのと同日は先勝辛酉といふ珍らしい黄道吉日に當ること等のため、建國日として元首就任式とは切離して急ぎ建國されることとなつたものである、しかして元首の就任は大體三月五日となる模樣で國務總理、監察院長並に國務院局部長等の閣員の任命は元首溥儀氏の就任式當日行ふこととなつた

【奉天特派員二十九日發】滿洲國は三月一日をもつて建設されることに確定し三月一日をもつて新國家が正式に成立し新滿洲國の年號たる大同元年の第一日を迎へることとなつた、かくて奉天、吉林、黑龍江、熱河の四省並に東省特別區の滿蒙全部を含む新滿洲國は中華民國より脱して完全なる一獨立國家を構成し國家として世界史の舞台に登場することとなり從來の中華民國の領土たりし滿蒙七萬四千四百二十一方里は獨立國家として全く地圖の色を塗りかへることとなつた

滿洲國中外に建國を宣布

堂々千二百字の長文

【奉天特派員二十九日發】建國宣言はいよいよ滿洲國の建國日たる三月一日午前九時奉天商埠地の張景惠公館において滿洲國政府の名を以つて正式に中外に宣明されることに決定したが、これは堂々一千二百字より成りすこぶる長文のものであるが、その内容左の如し

滿蒙の天地は廣大にして廣ばくたるものなるが開發すれば地大物博物資無限にして實に天下の奧府である、然るに由來滿蒙の天地は軍閥將領暴政を布きために民生塗炭の苦をなむ、又支那本土を見るに國民黨政治をろう斷しいはゆるその黨國政治國家はために崩壊の途をたどりつゝあり、由つて滿洲國は中華民國と斷然絶縁してこゝに獨立を宣言する、獨立せる滿洲國の政治は民本主義を採用しその領土に居住する人民は民族的差別を撤去し、一率平等にして決して差別を設けず又滿洲國は内政を整へ法律を改道し自治を促進し金融を圓滑にし產業の進行をはかり滿洲國の對外政策は信義を骨子として列國と親睦をはかり既存の條約は國際慣例に從つてこれを處理する、產業開發のため外國資本は一率にこれを歡迎し各國民に對して門戸開放、機會均等の政策をとる、一般民衆は以上の各項をよくがん味して十分これを諒解じゆん奉せんことを望む

こゝに宣布す

大同元年三月一日

滿洲國政府

1932（昭和7）年3月1日付け『東京朝日新聞』

第一歩を踏み出した関東軍は、たちまち、長春やハルピンに進み、三月一日、「満州国」樹立が宣言された。中国政府から独立した現地政権ということであったが、関東軍による全くの傀儡（かいらい）政権だった。満州占領と「満州国」強行は、世界各国から批判を浴び、一九三三（昭和八）年三月、日本は国際連盟を脱退する。

「満州国」樹立により、満州でフリーハンドを得た日本は、満鉄が中心となって、満州地域の産業開発に乗り出すとともに、人口増加で困っていた日本は、農村部の人減らしや関東軍の増強のために「満州国」への積極的な移民政策を進めた。一九三六（昭和一一）年には、広田弘毅（こうき）内閣が国策として二〇年間に一〇〇万戸の移住計画に着手するなど、「満州国」を足場に日本は中国侵略を拡大していった。もちろん中国はこれに反発、一九三七（昭和一二）年の日中戦争へと結びついていくのである。

三井財閥総帥（そうすい）暗殺

この間、国内では、一九三二（昭和七）年に、血盟団事件や五・一五事件といった連続テロ事件が発生する。まず二月に前大蔵大臣で民政党幹事長の井上準之助が暗殺され、三月には、三井財閥の総帥で三井合名理事長の団琢磨が射殺される。団琢磨が暗殺対象になったのは、三井財閥がドル買い投機で利益をあげていたからとか、労働組合法の成立を先頭に立って反対した報復とかいわれたが、真相はわからない。

第二章で述べたが、亜鉛乾式製錬工場を大牟田に建設し、神岡鉱山の亜鉛を三池で製錬するという三井の亜鉛製錬を実現したのは、この人、団琢磨であった。『男爵団琢磨伝 上』には、次のような記述がある。

神岡鉱山は始めは銀鉱として立ち次で鉛鉱となったが、銀鉛を採収するに妨害なりし亜鉛鉱石が独逸（引用者注：ドイツ）に輸出され、それが精錬（ママ）せられて我国に輸入さるる状態を見て、君（引用者注：団琢磨のこと）は自ら有する鉱石を自ら精錬せんことを志し、（中略）明治四三年の洋行の際、墺太利（引用者注：オーストリア）の亜鉛工場を自ら視察し、三井鉱山の技師西村小次郎を欧州に遣し、亜鉛精錬の研究を為さしめ、（中略）種々研究の結果、石炭産地たる三池に亜鉛製錬所を置き、電気精錬によらず、乾式精錬によることとなった。[3]

団　琢磨　1929（昭和4）年撮影
出所：『男爵団琢磨伝　上』故団男爵伝記編纂委員会、1938

さらにこの年、一九三二（昭和七）五月には、武装した海軍の将校たちが総理大臣官邸に乱入し、内閣総理大臣・犬養毅（いぬかいつよし）を殺害した。

そして一九三六（昭和一一）年二月、陸軍青年将校らによるクーデター未遂事件、二・二六事件が発生する。岡田内閣の政府首脳・重臣らへの襲撃事件であった。岡田啓介首相は難を免れたが、岡田首相の秘書や高橋是清（これきよ）大蔵大臣、斎藤実内大臣らが殺害された。

二・二六事件を契機とするかのように、わが国の政治・経済体制は戦争体制に移っていく。一九三七（昭和一二）年の盧溝橋（ろこうきょう）事件に始まった日中戦争から一九四一（昭和一六）年の太平洋戦争へと時代は国をあげての戦時体制となった。

一九三一（昭和六）年の満州事変から、日本は中国大陸における拡大政策を推進し、事変と戦争を繰り返していたが、日中戦争によって、「満州国」は日本の戦時体制に組み込まれ、満州の重工業は日本軍の軍需物資補給のための生産に追われた。

この時期、三井物産をはじめとする三井財閥は、「満州国」を舞台に取引を活発化させ大きな利益をあげていた。特に日中戦争開始後、急増したのは穀物類であった。「三井物産の中国支店での穀物取扱高の急増の背景には、日中戦争がこの時期まさに、食糧や綿花など農産物の争奪戦となっていたこと、その中で同社が軍事行動と一体となって、日本軍・官の要請により穀物の収奪と輸移入の中心となって活躍したことがある。在支軍八五万人（最多時）の現地での食糧調達は死活問題であった。また点と線—都市と鉄道沿線しか抑えられなかった日本軍にとって、食糧の非自給地である都市の住民に、いかにして食糧を供給するかは占領地維持のための最重要課題であった。かくて日中戦争は蒋介石軍、共産軍とのいわば食糧争奪戦となった」[4]。軍部は日中戦争において三井の物資補給力に依存しながら戦争を遂行していたのである。

本格的な戦時統制経済に

国内でも一九三七(昭和一二)年の日中戦争から、本格的な戦時統制経済に移行、軍部は、兵力はもちろん、労働力・物資・生産設備の増強を図りながら、日本全体の臨戦態勢を推し進めていく。日中戦争の始まりを契機とする戦時経済体制に簡単に触れておく。

一九三七(昭和一二)年七月の日中戦争勃発とともに、政府は五億円の北支事変費を計上、さらに二一億円の臨時軍事費を決定、「臨時資金調整法」・「輸出入品等臨時措置法」の二法を制定し、直接経済統制を始めた。そして翌一九三八(昭和一三)年、「国家総動員法」を議決する。さらに陸軍省の強力な後押しによる「生産力拡充計画」が登場した。

「国家総動員法」は、ルーツが一九一八(大正七)年制定の「軍需工業動員法」にあるといわれ、一九三七(昭和一二)年、陸軍が起草した。戦争に必要な人的・物的資源を国家が全面的に統制運用するための法律であった。

また、鉱業関係では、一九三八(昭和一三)年に「重要鉱産物増産法」を制定し、政府が重要鉱産物の増産を図るため、必要と認めた時には、鉱業権者に対し、その事業着手、あるいはその事業の継続を命じることができるようにした[5]。

吉田文和によれば、実は当時「アメリカ、カナダ、オーストラリア、ビルマなどからかなり低廉な

北平郊外で日支兩軍衝突

不法射撃に我軍反撃
廿九軍を武裝解除
疾風の如く龍王廟占據

【北平特電八日發】八日午前零時頃我が駐屯部隊が北平郊外盧溝橋附近において夜間演習中盧溝橋駐屯の第二十九軍第三十七師（師長馮治安氏）に屬する二百十九團の一部が不法にも射撃を行ひたるため我軍は直に豐台駐屯部隊に急報して出動を求め支那軍に對し包圍態勢をとり對峙、我軍は支那側の不法行爲に對し嚴重謝罪を要求したところ午前四時二十分頃支那軍は再び不法射撃を行ひたるため我軍も遂に火蓋を切り双方機關銃迫撃砲をもつて交戰銃砲聲は曉の空を破つて遠く北平城内まで傳はつたが、遂に支那軍を撃退し龍王廟を占據した、盧溝橋の支那軍に對しては目下武裝解除中である【寫眞は馮治安氏】

【天津特電八日發】支那駐屯軍司令部八日午前八時半發表

支那の要請で一時停戰

【北平特電八日發】八日午前九時半支那側の停戰懇願により兩軍一先づ停戰狀態に入つたが我軍は午前十一時までに附近一帶の支那軍が完全に撤退を實行せざる限り全滅作戰を以て撃退すべしとの強硬態度を持しこの決意の下に目下現地交渉が進められつゝある

鹿内准尉戰死す
野地少尉負傷

【北平特電八日發】

事件の發端となつた盧溝橋

突如銃を擬し脅迫
硝煙の戰線を行く
凄絶・砲火耳朶を打つ

【盧溝橋にて常安特派員八日發】

常安特派員

已むを得ぬ自衛
今井北平駐在武官談

軍當局強硬
不法を徹底糺彈
武裝解除を先決とす

【北平特電八日發】盧溝橋事件に對する軍當局の態度は今回の事件は支那軍の理不盡な挑戰によつて發生し我が方は既に死傷者さへ生じたる以上斷乎として徹底的に支那側の不法を糺彈せんとする決意を以て臨み必要なる一切の手配を進めるとともに現地交渉においては先づ支那側の武裝解除を先決條件として愼重折衝中である

陸軍省へ公電

野地少尉

我電線を切斷し
行動妨害を企つ
支那側計畫的行爲か

【北平特電八日發】

兩氏の略歷

盧溝橋とは？

【天津特電八日發】

1937（昭和12）年7月9日付け『東京朝日新聞』夕刊

原鉱・製品が輸入されていたため、鉱山会社自体も鉛・亜鉛事業に本格的にとりくまず、神岡・細倉（引用者注：宮城県栗原市にあった、鉛・亜鉛・硫化鉄鉱を主に産出した三菱の鉱山）などの鉱山があるのみで、鉛・亜鉛の自給率は低く、戦争突入時においても、鉛は国産一割、輸入九割、亜鉛は輸入六割、国産四割であった。しかし、日中戦争の拡大によって、弾丸、蓄電池用としての軍需、化学工業用の鉛管、鉄板の軍需の増加、兵器類、その他、軍需用としての亜鉛合金、真鍮などの消費が拡大し、鉛・亜鉛が不足するにいたった[6]」とのことである。

三井をはじめとする財閥は、国への奉公の先頭に立ち、戦争遂行のための重工業化に邁進した。この重工業化にあたっては、国からの手厚い財政的保護政策が導入され、財閥と国家が一体となった戦時体制が確立されていくのである。神岡鉱山も全山一致協力により多くの生産設備を建設しながら生産の拡大・増産が強行された。

再び鉛・亜鉛の生産量復活の画期となる。鉛や亜鉛は、航空機・車・車両・船舶などの各種兵器には欠かすことのできない重要物資である。

神岡鉱山の増産供給体制を見てみよう。（資料は、『イタイイタイ病裁判後の神岡鉱山における発生源対策[7]』、『神岡鉱山写真史[8]』）

採鉱部門

一九三五（昭和一〇）年、第一次増産計画九五〇〇トン／日の出鉱

一九三八（昭和一三）年、第二次の増産計画一四〇〇〇トン／日

一九三九（昭和一四）年、第三次増産計画二一〇〇トン／日
一九四〇（昭和一五）年、戦時増産として第四次増産計画二八〇〇トン／日

選鉱部門
一九三六（昭和一一）年、第一次増産計画三五〇トン／日
一九三九（昭和一四）年、第二次増産計画二八〇〇トン／日

製錬部門においても生産の拡大が強行されていったが、これらの増産供給体制は、日中戦争から太平洋戦争開戦以降もさらに増強されていった。日中戦争以降の戦時増産での最大の問題は、廃物の増大であった。具体的には「増産に伴い、この時期に廃物化し環境中に排出された重金属が激増した。日中戦争後の増大が著しく、廃物化した亜鉛についてみると、一九三九（昭和一四）年には、前年に比べ約一〇〇トン、翌四〇（昭和一五）年には約二〇〇トンも増大した。そして戦前最高の生産量を出した一九四四（昭和一九）年の廃物亜鉛量は、一九三一（昭和六）年のそれに対して三・二倍、一九三五（昭和一〇）年のそれに対しては実に四倍の増大であった。処理鉱量の増大に加えて選鉱実収率の低下が廃物化を増大させた[9]」のである。

神岡鉱山の主要生産物である鉛と亜鉛は、鉄とともに重化学工業にとっては欠かすことができないが、参考までに、一九三一（昭和六）年から太平洋戦争が始まった一九四一（昭和一六）年までの陸軍・海軍の兵器生産額の推計をみてみる。

満州事変が起きた一九三一（昭和六）年の兵器生産額に比べて太平洋戦争開戦時の兵器生産額はなん

と四四倍にも膨張している（表3－2参照）。

　太平洋戦争時における増産状況は、第四章で詳しく述べるが、第二章に掲載した「選鉱原鉱量および廃物化亜鉛量の推移」でも、日中戦争以後の廃物化した亜鉛の急増が歴然としていた。つまりこの時期も、太平洋戦争後のイタイイタイ病患者急増の要因となっているのである。

　一九三一（昭和六）年から太平洋戦争終戦まで、およそ一五年にわたる戦争下の神岡鉱山について、利根川治夫は「一五年戦争下における鉱山鉱害問題」として詳細に研究・分析している。


　　第一に、神岡鉱山の主要生産物である鉛と亜鉛は重工業、とりわけ軍事（ママ）産業にとって極めて重要な原料であり、そのため国家はその生産、流通、消費の全過程に対して直接的に介入していったこと、しかもそれは独占資本の集積と集中を推進する形でなされたこと、そしてそれは

表3－2　兵器生産額の推計　　（単位：100万円）

年次	陸軍				海軍						総計
	兵器	航空機	計	（うち民間）	艦艇	（うち民間）	兵器	飛行機	計	（うち民間）	
1931（昭和6）	31.4	11.3	42.7	(21.8)	19.9	(13.3)	8.1	16.2	44.1	(35.8)	86.8
1932（昭和7）	57.2	16.9	74.1	(31.6)	228.2	(99.3)	13.6	22.4	264.2	(130.8)	338.3
1933（昭和8）	88.6	25.2	113.8	(38.6)	51.4	(8.6)	26.5	28.7	106.6	(51.6)	220.4
1934（昭和9）	114.8	35.3	150.0	(76.5)	46.5	(24.5)	38.9	33.5	118.9	(74.5)	263.9
1935（昭和10）	146.1	46.6	192.7	(120.3)	115.6	(33.0)	46.8	42.9	205.4	(93.0)	398.1
1936（昭和11）	172.8	60.5	233.2	(160.8)	34.5	(23.9)	61.4	56.0	151.9	(101.2)	385.2
1937（昭和12）	296.0	75.6	371.6	(195.6)	256.8	(132.2)	87.6	65.5	409.9	(230.7)	781.5
1938（昭和13）	748.0	151.2	899.2	(337.2)	141.0	(86.8)	121.5	143.3	405.8	(276.7)	1,305.0
1939（昭和14）	990.9	304.0	1294.9	(631.3)	175.8	(95.4)	181.7	150.7	508.2	(312.7)	1,803.1
1940（昭和15）	1,362.1	347.4	1,709.8	(976.9)	362.2	(145.9)	293.7	214.7	870.6	(451.5)	2,580.4
1941（昭和16）	1,388.3	689.4	2,077.7	(1,342.5)	872.1	(366.2)	489.9	371.1	1,733.2	(924.3)	3,810.9

出所：利根川治夫「15年戦争下における鉱山公害問題」『国民生活研究』第17巻第4号、1978

同時に高品位鉱の無計画的強行的採掘や金鉱の休廃止にみられるように、労働対象を破壊する形でおし進められ、終戦前には—他の諸部門と同様に—縮小再生産におちいっていたことである。第二には、この時期において、三井財閥・三井鉱山は、国家との癒着を強め、自己の経営組織をも変革しつつ、戦争の遂行のために重工業化に突進していったことである。（中略）日中戦争後の増産によって、農業被害が、それ以前よりも拡大された規模で発生（引用者注：表3—3参照）し、被害者農民は三井と富山県に対策を強く求めた。[10]

農業被害だけではない。当時はのちにイタイイタイ病と名づけられる悲惨な被害が神通川流域の農民たちを襲っていた。

表３－３　1940(昭和15)年の富山県における農業被害

	昭和15(1940)年 被害面積	小型沈殿池 設置箇所数	県費助成額
	町歩	箇所	円
新保町	531	76	152
大久保町	500	76	152
大沢野町	490	76	152
鵜坂村	333	50	100
熊野村	1,100	165	330
宮川村	633	95	190
新明村	380	57	114
富山市	33	5	10
計	4,000	600	1,200

注：　1931(昭和６)年頃より農業被害が激化・拡大していた。すなわち、「廃滓廃水に関する問題は昭和６年頃より神通川流域の水産会社及び農会間に問題とするところ」となった。

出所：神通川流域カドミウム被害団体連絡協議会委託研究班『イタイイタイ病裁判後の神岡鉱山における発生源対策』1978

発病相次ぐ昭和初期

一九二七（昭和二）年八月頃、神通川右岸の新保用水土地改良区理事長・窪田重二の母親が発病（六年後に死去）した。[11] カドミウム曝露から三〇年で発病ということを考慮に入れると、明治時代にその発生原因があったとしても不思議ではない。

ここに一つの手記がある。のちのイタイイタイ病裁判第二次原告となった津田アヤの手記である。津田アヤは一九七〇（昭和四五）年、イタイイタイ病裁判の結果を知ることなく亡くなった。大沢野町（現・富山市）に生まれた津田アヤは青春時代の一九三〇（昭和五）年、女医を志して東京女子医学専門学校（現・東京女子医科大学）に進学し、わずか二ヵ月のちには、イタイイタイ病で発病した母親の看護のために呼び戻され、一〇年近くにわたって母親を看病した。しかし、看護の甲斐なく、母は死亡し、自らもまたカドミウムに侵され一五年の長きにわたってイタイイタイ病と闘ってきた。アヤが残した手記の一部を紹介する。

昭和一五年（引用者注：一九四〇年）三月一日、お母さん、悲しいお別れの日から三〇年になります。（中略）あの一〇年もの長い間闘病生活を続けてこられたお母さま、あのお母さまの病気は悲しくも神岡鉱山の廃液によるカドミウムが原因のイタイイタイ病だったとは何という悲しい事でございましたでしょう。あの時は神経痛で、神経痛にはつきものの腎臓病と糖尿病だと診断されて一〇年もの長い間病床に寝たきりの悲しい日々をお過ごしになりました。初めのうちは歩かれるのが不自由で苦しそうでしたが、それが段々ひどくなって激痛を伴い、家の中の歩行も困難になり、孫たちがちょっと身体をさわったりすると忍え難い苦しみにおびえておいでになりました。（中略）いつも全身の疼痛にさすっておあげするために直きに着物が破れるという気の毒な苦痛に悩まれたお母さま、折しも支那事変がたけなわになり、物資の不足と内地の空襲など悲惨な戦災があちこちに報ぜられて全く心身ともに疲れ果てて悲痛な日々を過ごされた事を今でもはっきり想い出されてきます。

昭和一二年（引用者注：一九三七年）七月七日の盧溝橋の事件がぼっ発いたしまして、大沢野在郷軍人分会でも忠魂碑の建設が始まり、国防婦人会も努力して毎日あわただしく不安な日が続きました。（中略）そして昭和一五年三月一日、いよいよ戦争が苛烈を加えて参りますうちに、とうとう悲しいお別れになってしまったのです。

それから数年、昭和一八年（引用者注：一九四三年）春頃からいつの間にか私もお母さまと同じような病気に侵されて親子二代、悲しくもこんな不幸な病苦を味わねばならぬとは何という奇しくも悲しい運命に陥ってしまったのでしょう。

神通川の清流！こよなく愛したあの川！あの山！あの水！あの風光！天下の絶景と、毎年のように高原川、宮川合流の地点の春の新緑、秋の紅葉とはるばる訪ねたあの籠の渡し場。激流。ほとりに関西電力、かに寺、発電所の赤い建物など六甲山にも増した大自然の絶景よと愛でて、度々友人をも誘い、又神岡鉱山へは富山高等女学校の大勢の団体の方々をも案内してうれしがっていたものです。

あの宮川と高原川の合流地点より半道以上は、高原川上流より流出する鉱山の廃液はまるで米のとぎ汁のように白濁して、おびの縞模様のようにくっきり流れているのもその頃、ただ珍しいことに思って眺めたものでした。恐ろしい毒水とは、神ならぬ身の知る由もなし、とか、何の不思議にも感じなかった事を愚かしくもくやまれます[12]（以下略）。

日中戦争当時はもちろん、白濁した神通川の鉱毒が、あってはならない人間被害をもたらしていたとは誰も知らなかった。

ひとつまみの骨

一九八一（昭和五六）年一二月、粉雪というにはあまりに冷たい雪が舞う師走の初め、筆者は、現在は富山市に合併された婦中町の農道を近くに住む青山源吾（当時七四歳）と一緒に歩いていた。時折、粉雪が風に乗って、横に吹きつけ、頬を伝う。目的の場所はこの農道の先にある墓地の横にある古い火葬場である。青山の案内で一〇分ほど歩き、レンガの煙突のある、今にも崩れそうな老朽化した古い火葬場に着いた。窓ガラスが破れた火葬場の屋根には二〇センチくらいの雪がすでに積もっている。

一九五三（昭和二八）年、青山はこの火葬場で母親・宮田コトの骨をひろった。鉄もすっかり錆びた火たき口をあけるとぎしぎしと唸るようにたき口が開いた。

向井「こりゃもう、そのままですか？この火葬場は」

青山「そのままです、はい」

向井「ここで青山さんはお骨をひろわれたわけですね」

青山「そうです」
向井「どんな風な？」
青山「まぁ、まぁ、骨いいましてもね、もうあの、鉄板の上にあの、骨が残るわけですが、その骨がまあ、実に少ない。もうそれこそ極端にいってひとつまみですわ」
向井「ほう」
青山「全くあの、紙のような骨になってしまってね。全く生きた地獄ですわ、まぁまぁ。一生治らない、どういうことをしても、こりゃまぁ、助かる見込みのない、そしてイタイイタイだけで死んでいく、そういうまぁ、惨めな病気、こんなひどい病気というのは世の中にあるもんだろうか。これだけ医学が進歩している中で、この病気が治せない、この病気がこのままにして放置されなければならない。そういうことは何という残酷なことだろうというふうに、私はまぁ、実に世間を恨みました」
破れ窓から、一段と強くなってきた雪が火葬場の中に吹き込んできた。火葬場の腰板や桟にからみつく蔦にも雪が降り注いでいる。
青山さんは、喉の奥から振り絞るように声を発した。
青山「亡くなった日、急に私にね、あの、わたしだっこしてもらいたい、だっこしてくださいというもんだから、そうかい、そんならいうて、後へ回って、そしていつも大小便をする時のように、そおっと私の膝の上へ乗せて、そして私が体を抱えておりましたら、ああ〜、楽になった、ああ〜楽になったということを二声いいましたよ。そしてそのあとまもなくに、もう一

○分程で息をひきとってしまいました」[13]。

青山の母・宮田コトは一八八九（明治二二）年、当時の婦負郡婦中町宮ヶ島に生まれ、数え年一八歳で同じ婦中町上轡田（かみくつわだ）の青山源治と結婚したが、青山源吾を生んで四年後に離婚、実家に戻った。コトの居住した宮ヶ島および上轡田は神通川左岸より約二〇〇メートルの地域にあり、コトの実家および婚家はいずれも田地約二〇〇町歩（二〇〇ヘクタール）を有し、灌漑用水だけでなく、生活用水も神通川水系の合口用水支流だった。

一九三〇（昭和五）年頃、コトは「以前から神経痛が大変ひどくなった。もはや、人でどうすることもできない。立ち居もそれから大小便も人手でなくてはどうにもならなくなった」と自らの症状を訴えていた[14]。コトはすでに大正年間よりイタイイタイ病に罹患していたと考えられる。このようにみてくると、昭和に入り、神通川右岸・左岸ともに次々に発病者が出ていたことがわかる。

カドミウムによる健康被害の実態

ここにイタイイタイ病に関する過去の健康被害を推測させる具体的なデータ（図3―1）がある。イタイイタイ病対策協議会・神通川流域カドミウム被害団体連絡協議会・イタイイタイ病弁護団発行のニュースレター『イタイイタイ病』（第五四号）が伝えたものである。

一九八四（昭和五九）年七月、富山市で開催された社会医学研究会において、富山医科薬科大学（現・富山大学）・公衆衛生学教室が発表した「富山県神通川流域のカドミウムによる健康被害の実態」と題する報告である。一九八三（昭和五八）年以前の過去にさかのぼり、一九二六（昭和元）年まで、神通川流域の公害対策協議会に加盟する一四〇四世帯（農家世帯）を対象にイタイイタイ病類似死亡者（女性）数を年次別に表したデータである。この調査によれば、「体のあちらこちらを痛がり、簡単に骨折したことがあるのに加えて、歩くのが不自由でよく床についたり座ったりしていた。寝たきりでほとんど身動きできなかった」などいわゆるイタイイタイ病類似死亡者は、イタイイタイ病認定制度発足（一九六七・昭和四二年）以前に多数存在していたことがわかる。

　大正から昭和の初め頃にかけて、神通川両岸のイタイイタイ病発生地域では、多くの家で灌漑用水のみならず神通川の川水を生活用水に使用していた。当時は、直接、神通川の

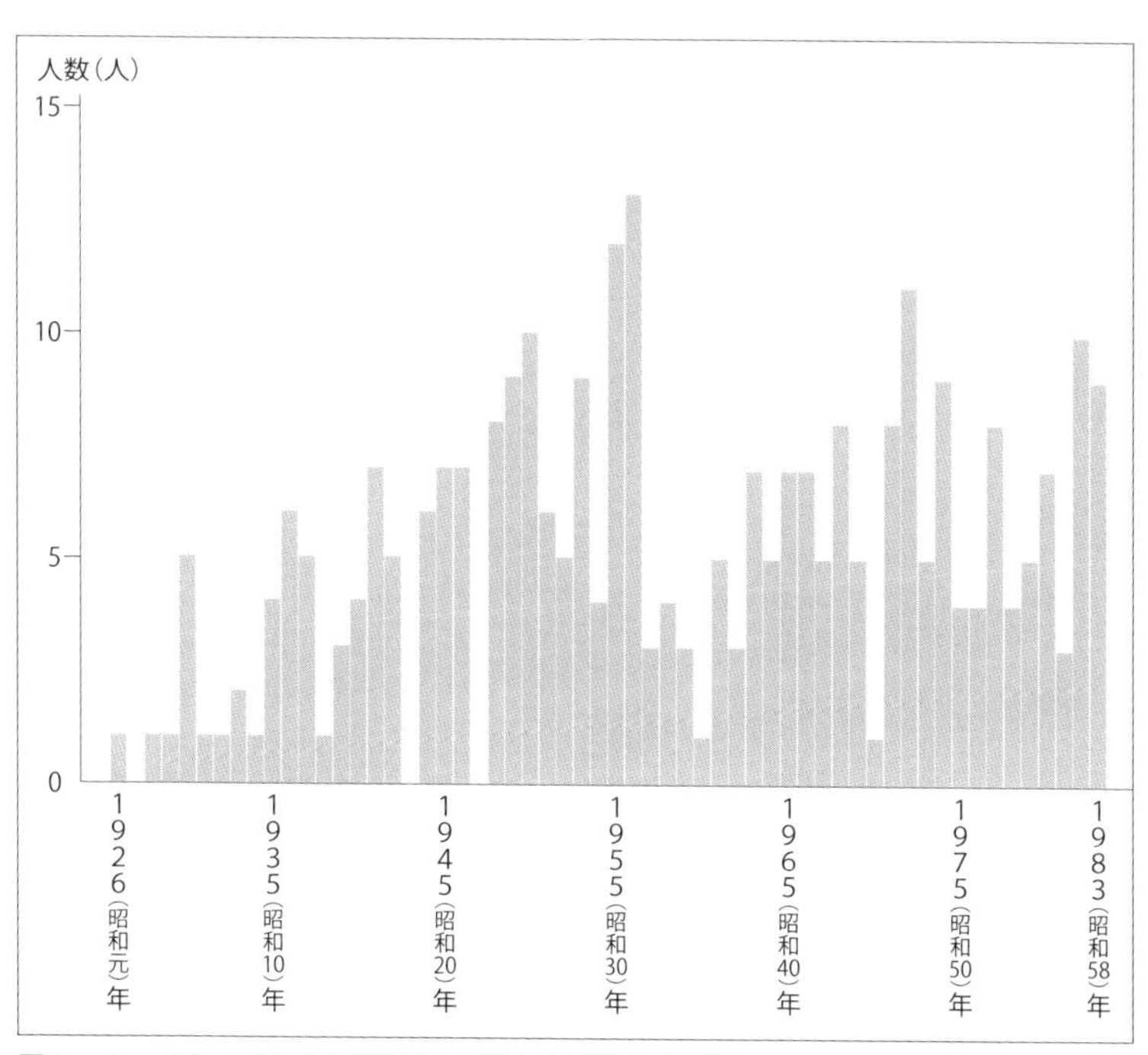

図3－1　イタイイタイ病類似死亡者数年次別推移（女性）

出所：ニュースレター『イタイイタイ病』第54号、1984（昭和59）年8月9日発行

川水と多くの女性たちの発病を結びつけることはなかったというが、しかし、神通川の鉱毒に疑問を持った医師がいた。のちにイタイイタイ病の最激甚被害地となった婦中町萩島で医師をしていた萩野茂次郎である。戦後、イタイイタイ病発見に尽力した萩野昇の父である。イタイイタイ病対策協議会発行のニュースレター『鉱害裁判』第一〇号に次のような説明がある。

このような神通川の汚染は単に農業被害にとどまらず、住民の健康に悪影響をおよぼさない筈はありません。既に大正時代から散発的に奇病の患者が出はじめていましたが、神岡が優先浮遊選鉱をとる頃から目にみえて増加するに至りました。

当初、この奇病と川水を結びつけず、単にこのように汚濁する水が健康によくないのではないのかという素朴な疑問をもった一切の住民はこのことを県などの役人にたしかめ、一笑にふされながらも、それでもということで川水の分析を県の機関に委願しましたが、三井の圧力の前にいずれの機関もこれを拒否したのであります。しかし、この奇病患者がふえるに従って、その人々がいずれも神通川の川水を利用している範囲にかぎられて生じることが年月をへるうちに体験的に知られてくるようになると、この奇病が農業被害同様鉱毒によるものではなかろうかという疑念が住民の間に生じてまいりました。

これらの疑念は、地元の萩野茂次郎医師をうごかし、彼は昭和一〇年（引用者注：一九三五年）に本病が鉱毒ではないかとの疑念を持つに至りました。萩野茂次郎の疑念は地元住民の疑念と共に次第に高まって行きましたが、三井の圧力による分析妨害のため逆に疑念にとどまったまま、昭和一八年（引用者注：一九四三年）死亡するに至りました。地元住民は鉱毒ではないかとの疑念を支持してくれる味方を失ったのです。[15]

すでに昭和のはじめからこのように奇病の背景に鉱毒があるのではないかとの疑念が持ち上がっていたのである。実は、戦後、イタイイタイ病の発見者となった萩野昇医師の著作である『イタイイタイ病との闘い』を初めて読んだ時に、筆者が驚いたのは、次の記述である。

昔からこの土地において農耕の用に供する畜産馬が、二〜三年以上これを飼育すると、骨軟化症で死亡するため、毎年のようにこれを飼い替えたり、また農繁期だけ自宅で飼育し、農繁期が終わるとすぐに遠隔の地に預けるのである。これは明治以来、農作馬を骨軟化症で失った農民の学問によらない生活の知恵というものである。[16]

これまで神通川の鮎など魚類への影響は報じられてきたが、こうした哺乳類への言及は富山県側の資料では見かけない。おそらく萩野医師が神通川近辺で育った子どもの頃、このような話を地元で聞いていたのであろう。第二章で、神岡では、大正時代の初め頃、牛馬・鶏にも影響が出ていたとの『岐阜日日新聞』の記事を紹介したが、鉱毒は太平洋戦争以前の大正から昭和にかけて、農漁業から家畜類へ、さらには人間をも「奇病」といわれた苦しみへ追い込んでいたのである。

実は公害には次のような歴史的教訓がある。

そのひとつはまず、動植物に眼を向けよ、ということ。水俣病の発端がネコの狂死だった話は有名だが、動植物は人間以上に、環境などの異変に敏感である。動植物の変化を手がかりに思わぬ公害を発見できる。二つ目は、老人、こども、病人に関心を持つこと。公害は初め、弱い者に現れる。教師に生徒の健康状態を聞いたり、町医者に患者の傾向を確かめたりすることがスクープにつながる。三つ目は、役所などの窓口をマークすること。住民からの苦情や質問の中から公害事実が拾える。[17]

萩野医師の農耕馬の話はまさにこの教訓に該当する。萩野の父・茂次郎や地元住民たちの疑念が昭和の初めから出ていたにもかかわらず、奇病・風土病として、人間被害が放置されたことがかえすがえすも悔やまれる。

神通川への鉱毒被害は、一九三六（昭和一一）年まで『北陸タイムス』と『富山日報』がこぞって報道した。日中戦争のまさに前夜にあたるこの時期、鉱毒水の猛烈な流下が神通川を襲っていた。

一九三七（昭和一二）年、盧溝橋事件をきっかけに日中戦争勃発、鉱毒報道は新聞から消えた。

神岡鑛山から
神通川へ鑛毒
鮎が太らず稻にも毒なので
沿岸の漁農民騷ぐ

神通川の鮎もそろ〳〵盛漁期に近づいて來たが、本年は例年に比し漁獲が少く且つ其上に最近神通川上流にある神岡鑛山が禁を破つて連日鑛毒を流してゐるため神通川は鑛毒のために濁り鮎の發育を妨げること甚だしく之れがため神通川漁民は商賣にならぬ狀態であり、一方神通川の水を利用してゐる農民も稻の發育を妨げられるので沿岸の漁民、農民連は縣當局から神岡鑛山へ絕對に鑛毒を流さぬやう嚴談せよと騷いでゐる

1934（昭和9）年6月1日付け『富山日報』

神通川へ鑛毒
また〳〵旺んに流下
本月上旬下流民大擧
神岡鑛山に押かけ嚴談

神通川の上流高原川沿岸にある三井鑛山神岡鑛業所の排泄する鑛滓を下流へドシ〳〵流下するため數年來下流民より鑛山側へ嚴重抗議してゐたので昨年五月以來相當設備を講じたので爾來鑛滓の被害は下流漁民及び農民をやゝ安堵させてゐたが、今年四月下旬に至つて又々鑛山の設備に欠陥を生じたものかおびただしい鑛滓が流下して來るので漁獲シーズンに入つた農民が神通川名物鮎鱒漁期を控えた多數漁民は大恐慌を感じ沿岸町村當局者にむけ鑛山當局へ嚴談方輿論が高まつて來た、ために各關係町村長會では一昨年創設した神通川沿岸鑛毒防止期成同盟會の活動を促す事にし寄々協議中で六月上旬再度町村長及び前記同盟會幹部等大擧して神岡鑛山に押しかけ其の後の鑛滓處置方法設備等を詳細踏査して鑛山當局へ嚴談談判を行ふ豫定で注目されてゐる

1935（昭和10）年7月30日付け『北陸タイムス』

三井財閥と戦争経済

戦時体制下にあって、三井財閥は、戦争経済を支えるあらゆる施策に協力していく。例えば『続神岡鉱山史草稿その四』は、「昭和一〇年（一九三五年）秋に設立された『日満財政研究会』には、近衛文麿をはじめ、三井の池田成彬、安田の結城豊太郎、鐘紡の津田信吾、住友の小倉正恒、三菱の斯波孝四郎それに新興財閥としての日産の鮎川義介、野口遵と、政・財界の中心人物が関係していたのであり、三井合名を自ら退任した池田成彬が、昭和一二年（一九三七年）二月には日銀総裁に、翌年には近衛内閣の大蔵大臣兼商工大臣として入閣、戦時体制下の日本経済の展開に大きな役割を果たした点を見逃すことはできない」[18]と述べている。このように三井財閥は国内にあっては、戦時体制下の日本経済を支え、侵略戦争の舞台である中国にあっては、「満州国」から華北全域へ、商業活動の域をはるかに超えて補給と治安維持という戦争遂行の重要な役割を三井物産が先頭に立って担い、国策会社のベールに隠れ占領地企業として最大の利益をあげていた。

実は三井には満州買収計画というエピソードがあった。中国通をかかえていた三井は、中国革命を援助しながら、商権の拡張を図った。この間、革命軍の資金調達難を知った三井物産の上海支店員が、二個師団分の武器と二〇〇〇万円の現金で満州を買収しようとする交渉を行ったということである。結局、革命軍の敗退、孫文の亡命によって、これは実現しなかったが、この満州買収計画は、元老であった井上馨を通じ、その仲介によって話が進んでいたとのことである。[19]

日本の国家権力の中で、財閥は縦横無尽に腕を振るい、日本の国家を裏で支配するまでの地位を占めるようになった。日中戦争の歴史を分析すると、そこには侵略や戦争の原因に財閥がいかに深く関与していたかが明らかになる。その意味で財閥はあえて「死の商人」と呼ばれてもやむを得ないだろう。

引用文献

［1］独占分析研究会「経営分析　三井金属鉱業株式会社（上）」『経済』一九七一年一月号、新日本出版社
［2］独占分析研究会「経営分析　三井金属鉱業株式会社（上）」『経済』一九七一年一月号、新日本出版社
［3］『男爵団琢磨伝　上』故団男爵伝記編纂委員会、一九三八
［4］坂本雅子『財閥と帝国主義』ミネルヴァ書房、二〇〇三
［5］利根川治夫「一五年戦争下における鉱山公害問題」『国民生活研究』第一七巻第四号、一九七八
［6］吉田文和「戦時下の鉱山公害問題」『経済論叢』第一一九巻第三号、京都大学経済学会、一九七七
［7］神通川流域カドミウム被害団体連絡協議会委託研究班『イタイイタイ病裁判後の神岡鉱山における発生源対策』一九七八
［8］三井金属鉱業株式会社修史委員会事務局『神岡鉱山写真史』三井金属鉱業株式会社、一九七五
［9］神通川流域カドミウム被害団体連絡協議会委託研究班『イタイイタイ病裁判後の神岡鉱山における発生源対策』一九七八
［10］利根川治夫「一五年戦争下における鉱山公害問題」『国民生活研究』第一七巻第四号、一九七八
［11］独占分析研究会「経営分析　三井金属鉱業株式会社（下）」『経済』一九七一年一月号、新日本出版社
［12］イタイイタイ病対策協議会『鉱害裁判』第八号、一九七〇（昭和四五）年八月二四日発行
［13］向井嘉之・森岡斗志尚『公害ジャーナリズムの原点　イタイイタイ病報道史』桂書房、二〇一一

[14] イタイイタイ病訴訟弁護団編『イタイイタイ病裁判 第一巻 主張』総合図書、一九七一
[15] イタイイタイ病対策協議会『鉱害裁判』第一〇号、一九七〇（昭和四五）年一〇月二四日発行
[16] 萩野昇『イタイイタイ病との闘い』朝日新聞社、一九六八
[17] 青木彰「公害報道の可能性と問題点（公害報道の視点と方法）『新聞研究』第二三八号、日本新聞協会、一九七〇
[18] 三井金属鉱業株式会社修史委員会『続神岡鉱山史草稿 その四』一九七八
[19] 安岡重明『日本財閥経営史 三井財閥』日本経済新聞社、一九八二

参照文献

1、三井金属鉱業株式会社修史委員会『続神岡鉱山史草稿その四』一九七八
2、小風秀雅『日本近現代史』財団法人 放送教育振興会、二〇一〇
3、神通川流域カドミウム被害団体連絡協議会委託研究班『イタイイタイ病裁判後の神岡鉱山における発生源対策』一九七八
4、三井金属鉱業株式会社修史委員会事務局『神岡鉱山写真史』三井金属鉱業株式会社、一九七五
5、向井嘉之『二つの祖国を生きて 恵子と明子 中国残留孤児と日本の近現代』能登印刷出版部、二〇一八
6、中村隆英・原朗『現代史資料四三 国家総動員一』みすず書房、一九七七
7、岡倉古志郎『財閥』光文社、一九五五

第四章 戦時大乱掘と未熟練鉱員大動員——太平洋戦争とイタイイタイ病

開戦―戦時経済の膨張

第三章で、利根川治夫は、「一五年戦争下における鉱山公害問題」として分析していたように、そもそも一九三一（昭和六）年から一九四五（昭和二〇）年の太平洋戦争終結までを、国家と財閥企業の癒着による一五年戦争とみてさしつかえない。特に、戦時統制経済に移行した一九三七（昭和一二）年以降は、神岡鉱山も戦時体制の一環に組み入れられ、増産供給体制を実施、廃物化亜鉛の急増は、イタイイタイ病拡大のさらなる要因となった。

この第四章では、日中戦争から連なる太平洋戦争と神岡鉱山の状況を検証していきたい。

一九四一（昭和一六）年一二月八日、日本海軍はハワイ真珠湾を攻撃し、太平洋戦争が勃発した。太平洋戦争とはいえ、そもそもこの戦争の構造は極めて複雑である。太平洋戦争と言わずに第二次世界大戦というように、太平洋戦争はすでに一九三九（昭和一四）年にヨーロッパで始まっていた第二次世界大戦に組み込まれるように始まった。一方で日本は、一九三七（昭和一二）年に盧溝橋事件が発端となった日中戦争も同時に戦っていたわけだから、太平洋戦争という表現は一面的かもしれないが、本章では、一応、一九四一（昭和一六）年一二月八日開戦の「太平洋戦争」を呼称にする。

太平洋戦争開戦まで中国での侵略戦争を戦っていた日本は、さらに東南アジアにも侵攻し、アメリカ・イギリスとの開戦により、戦時経済は大きく姿を変えることになった。すなわち、日中戦争時は、前述したように国内での亜鉛生産が急増した。昭和の初めに比べると国内全体では、日中戦争時にはおよそ二倍の生産量になっている。もちろん神岡鉱山でも漸増を続けたが、この頃は亜鉛だけでなく、石油や他の金属資源も輸入が必要で、かなりの部分を国内だけでなく輸入にたよりながら日中戦争を

暴戻米英に對して宣戰布告

畏し大詔渙發

詔書

御名御璽

昭和十六年十二月八日

各大臣副署

西太平洋全面に亙り果敢なる電撃戰展開

海鷲ホノルル大爆撃

マレー半島に奇襲上陸

シンガポールも爆撃

泰國侵入の英軍を撃破

グアム島わが包圍下猛火に包まる

今朝來香港猛爆敢行

上海在港英艦撃沈 米艦捕獲

獨・伊對米宣戰布告せん

危急の日に

高村光太郎

米動員令

防空實施下令

邦人逮捕を開始

南方○○方面進撃中のわが陸軍先鋒部隊

正に此の一戰にあり

帝國の隆替、東亞の興廢

政府聲明

臨時議會召集 十五日から二日間

詔書

御名御璽

各大臣副署

1941（昭和16）年12月9日付け　夕刊『読売新聞』

戦ってきたのである。

ところが太平洋戦争によってこの構図は一変した。

一五（一九四〇）年以降の亜鉛の需給は一変した。一四（一九三九）年には六万トンにも達していた輸入が、一五（一九四〇）年には二万一〇〇〇トンに急減し、一六（一九四一）年には六〇〇〇トンと事実上ゼロになってしまった。最大の輸入先であったアメリカ・カナダ・オーストラリアが禁輸したからである。これに対応するために国内亜鉛の増産が図られたが、従来の輸入分を補うことはとうていできず、亜鉛供給量は一四（一九三九）年の一一万八〇〇〇トンをピークにして、みるみるうちに急減し、対米・英開戦後は昭和八（一九三三）年の水準に戻ってしまった。それだけに最大の亜鉛鉱山である神岡鉱山への増産の期待は大きかったのである[1]。

戦時下の亜鉛も厳しかったが、鉛の需給はもっと深刻で、それまで圧倒的に輸入にたよっていた量を国内で調達するのは不可能で、戦争を戦う基本物資そのものの道が逆に戦争によって絶たれるという自己矛盾に陥っていた。それだけに神岡鉱山への増産要求は、開戦に伴いさらに厳しくなった。すでに太平洋戦争以前に、国家総動員体制のもと、神岡鉱山は軍需工場として重視されていたが、輸入先を失った太平洋戦争下では、日本経済に占める神岡鉱山の位置づけが飛躍的に高まった。

太平洋戦争下の神岡鉱山の生産拡大には二つのキーワードがある。一つはまず「乱掘」であり、もう一つは「未熟練鉱員の戦時動員」である。神岡鉱山では、日中戦争時に次々と決定された増産計画をさらに上回る採鉱が求められた。
次の**表4－1**は、一九三一(昭和六)年の満州事変の年から太平洋戦争終結までの、神岡鉱山の各坑の採鉱量を示したものである。栃洞坑、茂住坑ともに、太平洋戦争開戦直前の一九四〇(昭和一五)年から採鉱が急増している。例えば採鉱の要である栃洞坑では、一九四四(昭和一九)年が八八万四八九一トンまで達し、戦前最高となっている。[2] 実はこの年、神岡鉱山は「指定拡充増産計画」を受け、鉱山あげての増産が徹底された。

表4－1　神岡鉱山採鉱産出高

(単位：t)

年次　鉱所	栃洞坑	茂住坑	下ノ本坑
1931(昭和6)	175,092	29,560	2,429
1932(昭和7)	180,006	20,785	1,061
1933(昭和8)	201,613	35,350	2,430
1934(昭和9)	207,486	35,240	2,618
1935(昭和10)	208,615	35,100	2,603
1936(昭和11)	269,987	32,490	2,389
1937(昭和12)	329,425	36,120	2,602
1938(昭和13)	440,877	36,470	2,616
1939(昭和14)	451,407	38,660	2,721
1940(昭和15)	751,820	55,740	2,335
1941(昭和16)	700,415	44,570	2,117
1942(昭和17)	729,810	51,538	1,551
1943(昭和18)	850,532	68,680	733
1944(昭和19)	884,891	63,700	622
1945(昭和20)	322,585	31,570	187

出所：利根川治夫「15年戦争下における鉱山公害問題」『国民生活研究』第17巻第4号、1978より作成

神岡鉱山の動静

ところで、太平洋戦争開戦後の神岡鉱山は具体的にどのような様子だったのだろうか。

ここに貴重な記録がある。当時、神岡鉱山で働いていた出口光治郎が克明に記した日記から「身辺動静」の欄を除いて転載したものである。『続神岡鉱山史草稿　その四』[3]に転載された一九四二（昭和一七）年から一九四五（昭和二〇）年までの分を引用するが、出口本人の出張の記録は割愛した。また、カタカナの部分は読みにくいのでひらがなにして記述したほか、意味不明の部分はそのまま記述した。なお、日記の転載の中で〇〇となっているのは、判読不明を表していると思われる（図４―１参照）。

一九四二（昭和一七）年　　　期間所在　神岡（栃洞坑）

職域

一、大東亜戦争の進展は有利に展開し、南方資源の活用準備として鉱産関係で、南方要員を当局よりの要求で用意。前提として石炭部門から金属実習の目的で人事交流が始まる。（第一陣、松川・釘山・泰国人Varid Tharisin マニラ大卒。第二陣、山野より原嶋氏、北海道方面よりも現場員）

二、時局が重大化と共に官庁方面等関係の人事往来頻繁となる。特に岸商相（のちの首相）、侍従、本店関係等。

三、今永所長はビルマ・ボードウィンに出向のため〇〇。松川・釘山両氏先発。高口・河合（中心）芹沢・前田・西尾・渡辺武氏等、続々三井社から出向。今永所長不在中は技師長が所長代理となる。のちにボードウィン鉱山長となる井関中将一行が神岡視察に來山。

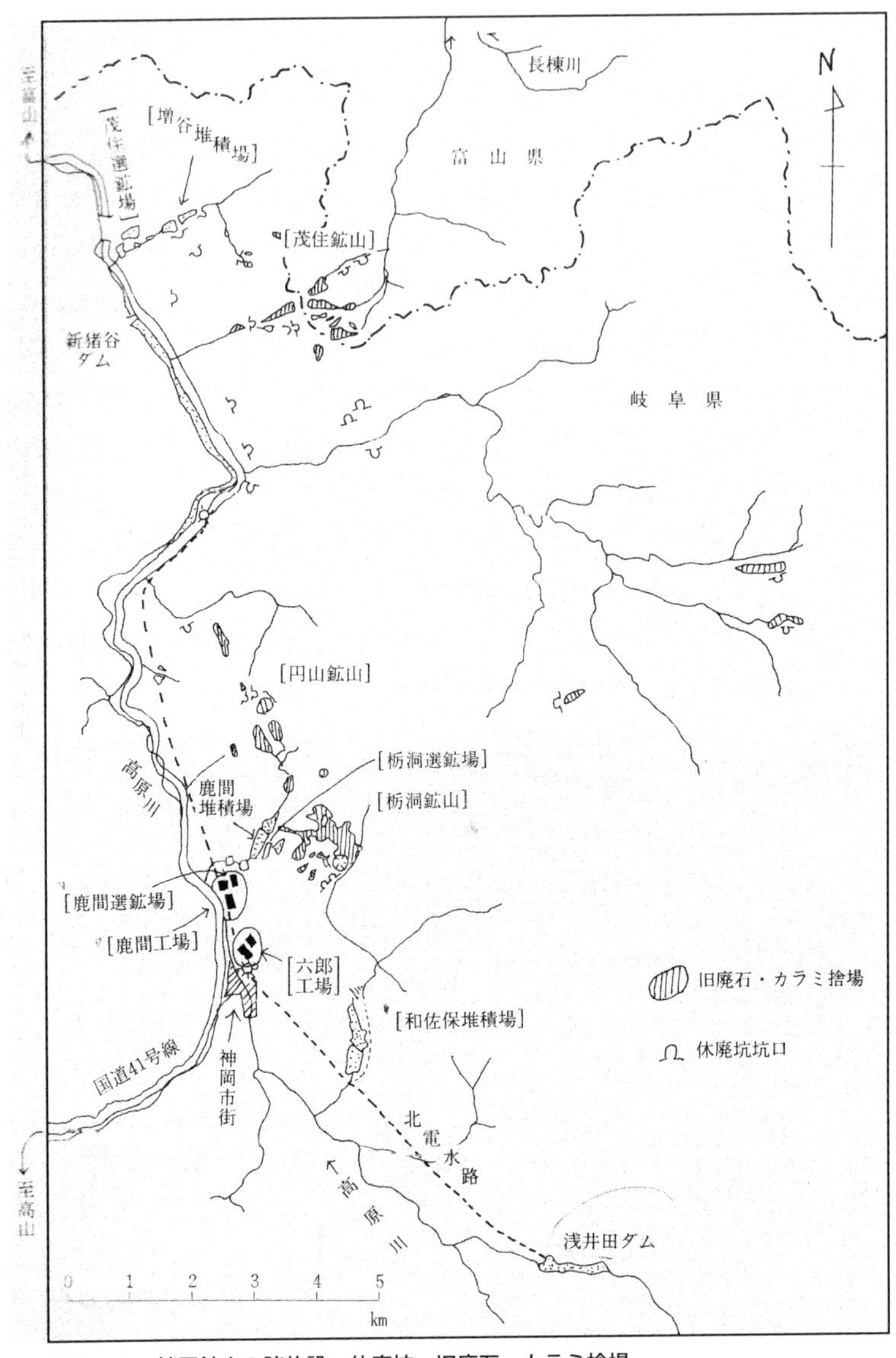

図４－１　神岡鉱山の諸施設、休廃坑、旧廃石、カラミ捨場

出所：発生源対策専門委員会委託研究班『神岡鉱山立入調査の手びき』神通川流域カドミウム被害団体連絡協議会、1978

四、戦局の拡大に伴い、応召者多数に上り、補充に半島人現地募集に努力（一三七名）

業務関係・社会状勢

一、戦局に伴い、金属増産の至上命令が当地にも下命、神岡は益々重視され督促されるが、当局より一方慰問もあり。三浦環女史の来山には美智子（引用者注：出口の家族と推測）が花束贈呈にあたる。

二、本社より尾平重役来山の際、栃洞案内は自分が当たる。

三、吉村和夫君、出撃のため休暇を得て帰省の時立寄る。

四、依然として未熟練夫の増加に伴い、坑内外の災害が増加した。又、技術向上○○○する為、技能競練会を所長鉱山より選出施行。

五、毎月八日は大詔奉載日としての行事（大詔奉読）あり。

一九四三（昭和一八）年　　期間所在　神岡（栃洞坑）

職域

一、戦局が熾烈となり消耗が増大となるにつれ、補充が急務となり、生産増強と不用不急面は繰廻、転換が目立ち年頭から正月休暇は返上を始め、金山整備が実施され、遊休となる設備資材を重要部門に転用の政策に副って当社も朝鮮三成を含み、殆どの金山を閉山。神岡には増産命令が要求され、具体的に種別数量確保のため主として担当下命。

二、増産計画が相次いで企画され（第五次）、更に増産強調期間には全山所長以下督励に当り、目標達成し中央表彰を受く。福上鉱調査附近で。（ママ）

三、今永所長はビルマより一時帰国、帰所し上京。

四、増産督励のため、東京鉱山監督局長始め、本社川島会長も来山激励。

五、年末頃には資材が益々逼迫。

業務関係・社会状勢

一、戦時下とて正月休みを短縮返上、本年よりは二日より始業。

二、俘虜使役は栃洞より始め、次で鹿間にも収容所を開設したが、死亡続出で対策協議、更に増加を計る。

三、未熟練鉱員の被災事故の頻発で栃洞在坑中のみでも四件を数え、太田君殉職は悼まし。

四、戦局は不利の状態を感ぜられながらも軍発表としては大戦果としてソロモン海域、ギルバート島周辺が報ぜられる。

一九四四（昭和一九）年　　期間所在　神岡（栃洞坑→鹿間）

職域

一、戦時下とて正月休みは返上、二日より仕事始め。当日、鹿間に下り執務。増産のため選鉱補強と茂住鉄索が緊急工事に指定され其の為、又上京。

二、二月二六日、鹿間所長室勤務の口達あり。先任清水氏、石田氏と諮問職。社宅の都合で移転が延引（積雪も）、結局五月一八日に引越。
三、今永所長は東京より又来山、此の時正式に本店保安部長に転出、神岡所長は名実共、山田所長が任命される。
四、増産の要請が当局から本社に督促あり。本社に於ては林常務が神岡担当重役らしく再三来山激励。其の他関係の深い本社人来山。又、三成、中竜の両黒田氏、京大三雲、北大高桑両教授の来往頻繁。
五、更に神岡に於ては所長側近による業務査察を始め、生産の主体、栃洞坑督励（出役と出鉱）のため労務課長と自身が再三出向。
六、変災続出、滞山中デモ。

業務関係・社会状勢
一、戦局は本年に入り難局を迎え南方諸島は押されるに至り、遂にサイパン島は玉砕。爾後、本土空襲被爆が頻々と行われ、名古屋・東京に一〇月頃から来襲の都度、警戒、空襲警報発令となり、鹿間本部として地下室特設、これに交代で指令員となり出向く。比島方面で海軍の決戦があった報も戦果不旧（ママ）。戦後思い当る〇〇（ママ）？
二、所長諮問職は六月頃から査業課新設（長　土井氏）、増員もあり。
三、上京の際、江川氏令嬢恵以子君を同伴、川島社長宅に手伝に行く為に送り届ける。社長令〇は病臥中だった。

一九四五（昭和二〇）年　　期間所在　神岡（鹿間）

職域

一、戦尚不利に進展と共に増産を要求され、主要生産額の栃洞総力を集中することとなり、都合繰合わせては鹿間より直接関係者が応援に出向。自分は九州より帰来間もなく栃洞に行き二月中殆ど滞在。

二、軍依頼（本社に）工事（各務ヶ原地下格納庫）関係で先発隊出発後、本店より中沢氏来山。直ちに現地に所長、次長、課長を加え出向。爾後、終戦引払まで連絡を担当。

三、中部地区の亜炭田調査指導を本社に依嘱（ママ）あり、神岡担当として、所長に同行して（本社小川技術部長）美濃地域調査。富山方面に派遣調査。

四、神岡生産の維持に付き、担当課に於ける資材不足、採鉱に於ては〇鉱を考慮。所長室に於ては絶えず推進を計り会議を開くこと頻繁。

五、八月一五日正午、重大放送で敗戦の受諾を知り（当日公休）其の後虚脱状態が続いたが降伏調印、終戦後は直ちに軍関係（岐阜）を辿り、資材の確保に奔走。復員者続々帰山（戦没者の遺骨も〇〇）生産目標には人員、資材の関係から度々関係課を集め査業課（所長の諮問職を主体として新設夏頃）〇〇〇〇。困難が山積。諸蛍石確保のため調査及指導。

業務関係・社会状勢

一、戦局苛烈化と共に本土空襲は二月次来警報頻発（二月警報一四回空襲四回）特に二月二五日には土附近に焼夷弾の投下あり。三月には益々頻繁（警一五、空襲八）一日三回以上が度々となる。硫黄島玉砕、沖縄上陸等により益々不利。敵機来襲は益々頻繁になり、四月以降終戦まで毎月警戒一五回内外。空襲六月までは三〜五回の警報発令が七月に入るや一四回の多きに達し殆ど東海地区は被災。八月一日夜は富山が大空襲を受ける。蓋し爾後は終戦まで当地方は既に概ね全滅の様相で○○○○。

二、帰省の途次、上京したが○○（築地）で食事出来ず。○○に出向。此の時弟と共に名村留一氏母子と○を譲受共○○の○○○○○○受渡しする。

三、本年に入りて労働強化は食糧資材難の影響と敗戦意識も暗に裡々潜在の為、強行出来ず、案外、労災事故は少く、之に反し病死者は多くなり身近には○○氏、金井周蔵氏令閨等

以上、いささか判読しにくい箇所もあるが、太平洋戦争の戦時下、神岡鉱山で働いていた人の記録を掲載した。日記として克明に記録されていたものだけに、行間から当時の神岡鉱山の切迫した状況が生々しく伝わってくる。この記録から読み取れる神岡鉱山の当時を整理してみる。

まず、何よりもこれまでも述べているように、戦時下、軍需工場の一環としての神岡鉱山への期待が異常ともいえるくらいに高いことである。神岡鉱山から産出される鉛・亜鉛への増産督励が尋常のものではない。

一九四二（昭和一七）年には、当時、東條内閣の商工大臣を務めていた岸信介が直接、神岡鉱山へ来山していることに驚く。岸は戦後、第五六代・五七代内閣総理大臣を歴任したが、神岡鉱山は国策としての増産督励の優先順位が極めて高いことを物語っている。いずれにしても、戦時下は、官僚の来山、三井本店からの幹部の来山と、現場はこれら督励・激励でやってくる来山者の対応だけでも相当大変であったろうと思う。

次にこの日記でもわかるように、決戦下の多忙な時期に、今永徹次郎所長が神岡を不在にしているが、これについては、「陸軍の命令で陸軍が占領していたビルマのボードウイン鉱山（鉛・亜鉛）の経営幹部として派遣されたため[4]」と説明されている。

未熟練鉱員の戦時動員

次に特筆されるのは、戦局の拡大に伴い、「半島人」の記述があるのは、朝鮮半島出身者の補充であり、俘虜（ふりょ）の現場への動員であろう。こうした人たちは、鉱山の作業には全く経験のない、いわゆる未熟練鉱員であるが、こうした戦時動員は神岡鉱山に限ったことではない。

まず、朝鮮人の動員である。ここでいう「朝鮮人」とは、民族の総称を示すもので、南北朝鮮の国籍を示すものではない。

日本による朝鮮半島の植民地支配は、一九一〇（明治四三）年、当時の大韓帝国を併合し、朝鮮総督府を置いて日本が統治したことに始まる。以後、朝鮮人に対し、「皇民化政策」を強化、日本式の名前にする創氏改名を行い、徴兵制も実施、日中戦争時から戦時動員体制に組み込んでいた。太平洋戦争でも、国内の労働力不足を補うために朝鮮人を動員した。朝鮮人の労務動員は当初は「募集」という形だったが、次第に強制性の強い「官斡旋」、さらに「徴用」となっていった。

戦時下の労務動員では、特に三井や三菱などの財閥による朝鮮人強制労働があげられるが、三井系企業への朝鮮人連行では、まず炭鉱で、福岡の三池や田川、山野など、また北海道やサハリンの炭鉱でも朝鮮人が連行された。一方、金属鉱山では、神岡や鹿児島の串木野などがその対象となった。他にも三井系の企業で軍需生産を担っていた東芝や日本製鋼、三井造船などにも朝鮮人が連行されていた。

神岡鉱山だけでなく戦時下の労働力事情については、『三井金属修史論叢』第二号に佐々木亨が「神岡鉱山における俘虜労働」として詳述しているので、このあとは主にこの論文の記述を引用しながら、戦時下の労務動員について記していきたい。

戦時下は鉱工業だけでなく、多くの分野で労働力需要は著しく増加していた。日中戦争時からの国家総動員法の制定に始まり、国民徴用令（一九三九・昭和一四年）、国民勤労報国隊令（一九四一・昭和一六年）、女子勤労動員促進要綱（一九四二・昭和一七年）などや一九四三（昭和一八）年には学徒戦時動員体制確立要綱など、太平洋戦争時には徴用を軸としながら成年労務者のみならず、学生や女子を含む根こそぎ動員が行われていったのである。

各務原市航空機工場への学徒動員（船津高校女生徒）1944（昭和19）年
出所：『神岡町史　写真編』飛騨市教育委員会、2010

戦時労務動員はこうした国内労働力だけでなく、一九三九（昭和一四）年から、鉱山・土木事業に朝鮮人労働力が系統的に投入されるようになり、一九四二（昭和一七）年一一月の閣議決定以後、中国人労働者の集団的移入が行われるようになる。さらに太平洋戦争開始以降は、俘虜の使役も行われるに至った[5]。

表4－2は、一九四四（昭和一九）年六月現在の「工場鉱山における正規の従業者に対する朝鮮人、中国人及び捕虜労働者数」を表したものである。この数字は中国人、朝鮮人労働者で内地に集団的に移動させられた者のみで、戦前個人的に日本に渡航した朝鮮人や中国人を含んでいない。

この表で見るように、工業労働者は、正規労働者に対し、朝鮮人・中国人・捕虜の割合が一％であるのに対し、鉱山労働者は、およそ四分の一が、朝鮮人・中国人・捕虜で占められていることが注目される。

では、神岡鉱山では、こうした労働力構成はどのようなものだったのだろうか。佐々木亨「神岡鉱山における俘虜労働」『三井金属修史論叢』第二号の資料をもとに利根川治夫が整理した資料が**表4－3**である。

表4－2　工場鉱山における正規の従業者に対する朝鮮人、中国人及び捕虜労働者数（単位：人）

	正規労働者合計	朝鮮人、中国人、捕虜労働者合計	朝鮮人	中国人	捕虜
工業労働者	7,790,273	82,650	69,119	3,602	9,929
男	5,512,896	80,745	67,222	3,594	9,929
女	2,277,377	1,905	1,897	8	0
鉱山労働者	633,754	148,935	140,788	2,328	5,819
男	527,918	148,566	140,419	2,328	5,819
女	105,836	369	369	0	0

注：本調査は中国人、朝鮮人労働者で内地に集団的に移動せしめられた者のみである。従って、戦前個人的に日本に渡航せる朝鮮人、中国人を含まない。尚、この数字は日雇労働者を含まない。

出所：アメリカ合衆国戦略爆撃調査団・正木千冬訳『日本戦争経済の崩壊』1950

この表では神岡鉱山全体と採鉱の部門に限って分けているが、まず全山では、朝鮮人と俘虜労働者の割合が四三・七％であるのに対し、採鉱では六〇％を超えている。日本人の分類別でも勤報隊や女子挺身隊、学徒など、全くの未熟練労働者が鉱山の第一線の現場で働いていた。

ただ三井鉱山全体で特に神岡鉱山が特徴的なのは、中国人が動員されていないことである。中国人は三井鉱山では、主に三池や田川、山野などの石炭部門で動員されている。いずれにしても神岡鉱山の労働力構成は、全体で六〇〇〇人近く、このうち俘虜が九一九人、移入された朝鮮人が一四〇〇人余りで相当な部分を朝鮮人や俘虜に依存していたことがわかる。また、特に採鉱部門では、内地人女性、つまり日本人女性が一六四人動員されている。

戦時下の神岡鉱山は、朝鮮人や俘虜に加えて日本人女性が採鉱をはじめとする鉱山業務に携わっていたという事実が明らかになる。実はこうした戦時下の神岡鉱山の実情について貴重な聞き取り記録が残っている。それは一九四三（昭和一八）年から神岡鉱業所労務課労務係長として神岡鉱山の労務を担当していた石川秀雄が、一九六八（昭和四三）年五月に三井金属鉱業本店で語ったもので、『三井金属修史論叢』第二号に佐々木亨がインタビュー形式で掲載している。この記録は極めて詳細にわたるので、要約する。

表４－３
神岡鉱山終戦時在籍者　（単位：人）

	全　山	採　鉱
内地人（男）	2,011	838
内地人（女）	797	164
勤報隊	78	71
女子挺身隊	74	
学　徒	274	10
組夫（内地人）	104	
組夫（半島人）	253	214
移入半島人	1,414	896
白人俘虜	919	530
計	5,924	2,723

出所：利根川治夫「15年戦争下における鉱山公害問題」『国民生活研究』第17巻第4号、1978

俘虜は一九四二（昭和一七）年頃から神岡鉱山に連行され、はじめは三〇〇人くらいだったが、最終的には一〇〇〇人くらいで、イギリス・アメリカ・オーストラリア・インドネシアがほとんだった。アメリカが一番多く、オーストラリアは少なかった。

そのほかに朝鮮人は茂住に二〇〇人、鹿間に二〇〇人、栃洞に三〇〇人いた。俘虜は、最初は栃洞での坑内作業だけだったが、やがて鹿間での鉛製錬、亜鉛電解、焼鉱硫酸というところまで使うようになった。選鉱には使わなかった。俘虜の労務管理は特殊で俘虜収容所長は陸軍の管轄で、労務の代価は陸軍に払い、衣と食は陸軍が賄い、住は神岡鉱山の提供だった。

戦時中は軍から生産命令がきたが、生産計画を立てるとどうしても人が足りないので、必然、俘虜を増やしてくれるよう要請した。食の問題などではトラブルはよくあった。時には脱走した俘虜を虐待したというので、戦後、俘虜収容所長が戦犯C級かなんかに問われたこともあった。捕虜は病気というより、体力が弱って亡くなるケースがあった。[6]

神岡鉱山における最大の暴動は、一九四三（昭和一八）年五月一〇日に発生した朝鮮人徴用者の事件である。『証言　朝鮮人強制連行』に記述された、当時の神岡鉱山人事係・若田恒雄の証言を要約してみる。

暴動の直接の原因は反抗的な態度をみせた朝鮮人徴用者を労務係の連中が事務室に引き込み、

殴りつけたりしていたのを目撃した同僚たちが怒ったことから始まった。

暴動が起こったのは、こんなリンチを中心とする労務管理に対する朝鮮人徴用者の怒りが鬱積していたのと、食事等、待遇に対する不満が限界に達していたのであろう。

当時、神岡鉱山では、朝鮮人徴用者は一三〇〇人くらいで全労働者数の約二五%に達し、労働力の重要な部分を担っていた。暴動に参加したのは独身寮にいた朝鮮人徴用者三〇〇人くらいだった。

会社側は最初、力で抑えつけようとし、神岡署に連絡し神岡署の警察力で抑えつけようとしたが、とても警察力では抑えきれない状況で、他の日本人鉱夫や連合軍俘虜に波及することを恐れた。このため会社側は、一応、朝鮮人徴用者と交渉することにして収拾策に入った。

三日間のストライキで朝鮮人徴用者が会社側に要求したのは、朝鮮人徴用者は食事の量と質を改善し、生きていけるだけの食事を保証しろ、労務係のリンチをやめさせろ、日本人鉱夫と同じ条件で働いているところでは、同じ賃金を支給せよ、配給物資のピンハネをなくせなどであった。[7]

以上が神岡鉱山人事係・若田恒雄の証言を要約したものである。この暴動の結果についてははっきりしないが、『特高月報』一九四三（昭和一八）年五月分の記録に、次のような「騒動の原因と経過」並びに「騒動の処理」についての記述がある。

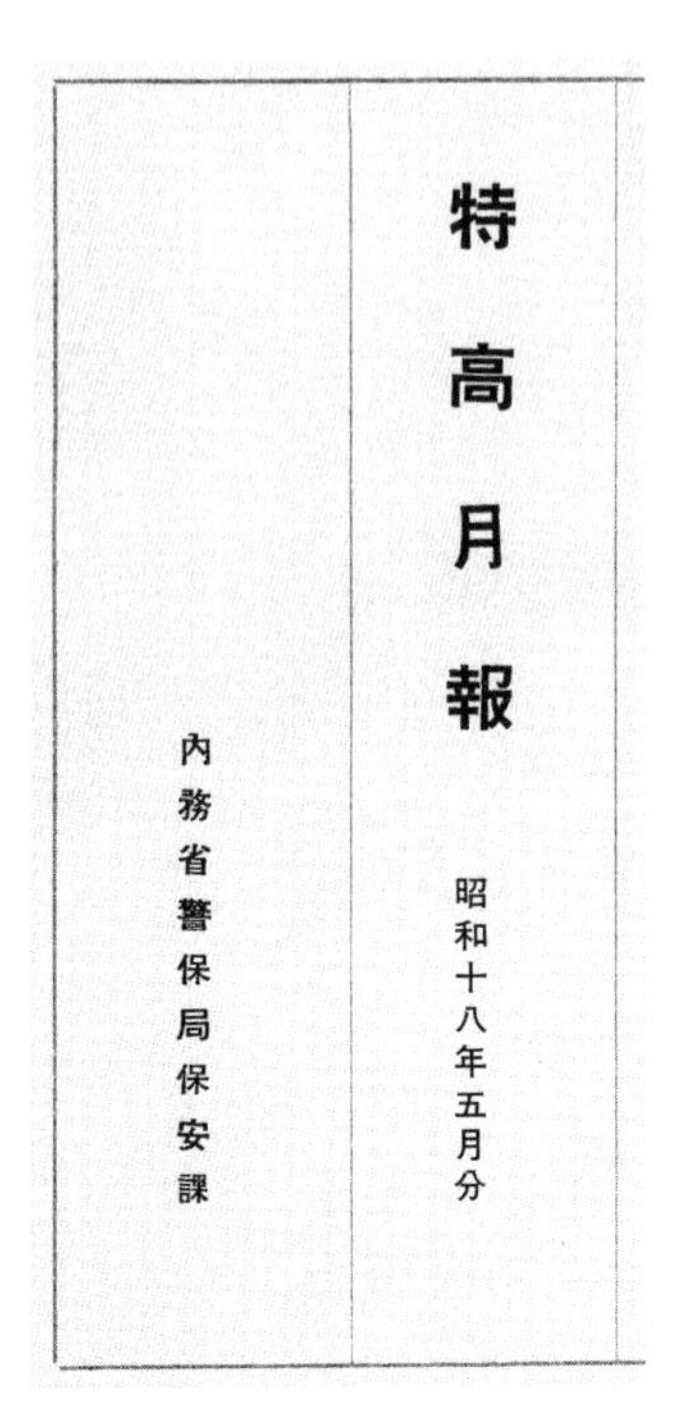

特高月報
昭和十八年五月分
內務省警保局保安課

『特高月報』1943(昭和18)年5月分

岐阜

吉城郡所在
三井神岡鑛業所
發生　五月十日
解決　五月十三日

一、〇〇〇

約四〇〇

(イ)朝鮮人勞務者某は所用の爲外出し、歸寮時間を遲延し補導員より時間嚴守を諭示さるるや、却つて反抗的態度に出でたる爲其の不心得を諭示さるゝや、却つて反抗的態度に出でたる爲其の不心得を諭示したる處、更に反抗的態度に出でたるを以て右勞務係員は之を毆打したり。然るに事務所外にて之を目擊し居りたる同僚朝鮮人勞務者約二〇〇名は石、棒切、薪等を以て事務所を急襲し、之を破壞し、補導員等に暴行を加へたり。
岐阜縣當局に於ては直ちに之を鎭撫すると共に主謀者一〇名を檢束せるが、彼等は更に大擧(二五〇餘名)して所轄警察署の所在地に下山し、警察署附近を徘徊喧騷して檢束者の釋放方を要求せり。
(ロ)一方前日より寄宿舍に一三〇名集合し、喧騷したり。

岐阜縣に於ては(イ)に付ては、二五〇名全員檢束し翌十三日全員に對し、嚴重說諭の上(主謀者十五名を除き)職場に復歸せしめたり。
(ロ)に付ては主謀者七名を檢束し、他を說得就勞せしめたり。
檢束者中一七名は目下暴力行爲等處罰に關する法律違反事件として取調中なり。

騒動の原因と経過

（イ）朝鮮人労務者某は所用の為外出し、帰寮時間を遅延し補導員より時間厳守を諭示さるるや、却って反抗的態度に出でたる為其の不心得を諭示したる処、更に反抗的態度に出でたるを以て右労務係員は之を殴打したり。然るに事務所外にて之を目撃し居りたる同僚朝鮮人労務者約二〇〇名は石、棒切、薪等を以て事務所を急襲し、之を破壊し、補導員等に暴行を加へたり。岐阜県当局に於ては直ちに之を鎮撫すると共に主謀者一〇名を検束せるが、彼等は更に大挙（二五〇余名）して所轄警察署の所在地に下山し、警察署附近を徘徊喧騒して検束者の釈放方を要求せり。

（ロ）一方前日より寄宿舎に一三〇名集合し、喧騒したり。

騒動の処理

岐阜県に於ては

（イ）に付ては、二五〇名全員検束し翌一三日全員に対し、厳重説諭の上（主謀者一五名を除き）職場に復帰せしめたり。

（ロ）に付ては主謀者七名を検束し、他を説得就労せしめたり。

検束者中一七名は目下暴力行為等処罰に関する法律違反事件として取調中なり。[8]

『特高月報』を見る限り、多数の朝鮮人徴用者が検束されたことは間違いないだろう。いずれにしても軍部は、身体壮健な男子を召集令状一本で、軍需工場から引き抜いたために、女子、学徒、朝鮮人や俘虜を鉱山などの生産現場に注ぎ込んだのである。トラブルが起きるのは当然だった。太平洋戦争の終わりには、こうした未熟練労務員が動員され、まさに国家による労働力確保が積極的に行われた。しかし、こうした未熟練労務者の大動員によって神岡鉱山の生産が急増したとはいえず、逆に慣れない作業ゆえの公傷がかなり起きていたと推測されるのである。

実は、神岡町生まれで、『雪の碑』など飛騨の風土を描いた作品の多い作家・江夏美好（一九一三―一九八二）は、朝鮮人徴用者の暴動事件を「飛騨神岡・二十五山の子負虫」という小説に織り込んでいる。「二十五山は、飛騨船津の町（現在の神岡町）から東方にそびゆる海抜一一一九メートルの蜂鬼山です。高原川をはさんで、こんもりまるい大洞山と向かいあわせ、ぬっくり立っておりました」[9]で始まるこの小説は、一九四四（昭和一九）年早々に、人員と建物の強制疎開実施の新防空法が公布されたのに伴い、江夏美好がふるさと・神岡に他県出身の夫と共に疎開してきたことから展開する。夫は疎開地の就職先として神岡鉱山栃洞坑の労務課に入る。つまりこの前年、一九四三（昭和一八）年に前述の暴動事件が起きている。

小説の形をとっているが、おそらくドキュメントであろう。

「飛騨神岡・二十五山の子負虫」によれば、暴動を起こした朝鮮人徴用者が住んでいた独身寮は「鹿間谷に面した一番下にあり、協和寮と呼ばれていて、その収容人員は約三〇〇、鹿間の鉛・亜鉛の溶鉱炉の煙が吹きつけ、亜硫酸ガスで草も育たないという環境の最悪の場所に建っていた」[10]という。暴動事件の経緯は前述の『特高月報』を再読してほしいが、小説とはいえ、次の記述に目を留めざるを得なかった。

暴動を鎮圧できぬ警察は、揚句のはては憲兵の出動を要請したのでした。憲兵はたぶん岐阜あ

露天掘りにより姿を変えた二十五山（昭和40～50年代）　森清春提供
出所：岸雄一郎・河合真吾『写真アルバム　飛騨の昭和』樹林舎、2015

神岡鉱山の社宅風景（昭和20～30年代）　永尾恭司提供
出所：岸雄一郎・河合真吾『写真アルバム　飛騨の昭和』樹林舎、2015

たりからサイドカーで乗りつけてきたのでしょう。その員数は少なくとも、憲兵はもはや国家権力の代行者です。威嚇のために空に向けて撃った銃声一発で、事務所をとりまき、ひしめいていた朝鮮労務者は四散したとのことでした。[11]

聖戦完遂の兵站基地、神岡鉱山

まさに国家の命運をかけて神岡鉱山では必死の日々が続いていた。報道もまた、国策への応援記事を連日掲載していたが、一九四四（昭和一九）年一月一〇日と一一日の『北日本新聞』は、神岡鉱山に特派員を派遣し、連載の「掘るぞ鉱脈」のルポを意気盛んに伝えている。まず一月一〇日の「上」では、「宝の山に必勝の気迫　国運賭けて削岩機は唸る！」の見出しで次のように報じる。

金鉱から大きく飛躍し、現在は決戦下に欠くべからざる重要資源である銅・鉛・亜鉛の三鉱物の採掘に全力が注がれ、昼夜をわかたぬ全鉱員たちの敢闘によって今では、鉛・亜鉛の採掘量が日本一という折紙がつけられるなど、神岡鉱山こそ聖戦完遂の兵站基地としてたくましき躍進を続けているのだ。[12]

さらに翌日一一日のルポは「供米完納、父よ頑張れ　激励に莞爾　戦ふ越中男児」と富山県民向けの鼓舞を送る。「莞爾」とは喜び微笑む様子を意味する。

今年はこの山に正月はなかった。元旦一日だけやすんで、二日から平常通り山の人達は職場へ出た。誰も故郷へ帰る者はいなかったといふ、そして誰一人不平もいわずに新春は地底でたたかったのである。前線に正月なく、忠勇なる勇士が血闘していると同じく鉱夫たちも正月なしで重要資源の増産に励んでいるわけだ。「富山県の人達は非常に真面目で熱心ですよ」という原係長の言葉に意を強くして坑道を出た。[13]

日中戦争から太平洋戦争へ、軍需工場に指定された神岡鉱山の麓の町には、文字通り、戦争と運命を共にする町民がいた。朝方には日の丸を振って兵士を送り、鉱山の軍需工場で働くという日々が続いていた。

当時の町名は神岡町ではなく、前述したように、一八八九（明治二二）年まで存在していた神岡村が、全国的な市町村合併の促進で、船津町・阿曽布村・袖川村の一町二村に分かれ、そのままの町村で太平洋戦争を迎えていた。この体制は一九五〇（昭和二五）年、再び合併し、神岡町となるまで続いていた。一九四五（昭和二〇）年の船津町の人口は一万一六二八人、阿曽布村が七四八〇人、袖川村が二〇四〇人で、全体では、二万一一四八人で、[14]船津近辺では、商工業者や鉱山勤務者が多かった。また、周辺の農村地区は稲作や養蚕、まきや木炭の生産に励む農林業中心の生活であった。

前述したように、日中戦争時からの国家総動員法の制定に始まり、国民徴用令、国民勤労報国隊令、女子勤労動員促進要綱などや学徒戦時動員体制確立要綱などが公布され、国内は戦時体制一色だった。一九四一（昭和一六）年には船津町でも船津文化商業報国会が設立され、不急不用の商業人は勤労報国

掘るぞ鑛脈

神岡鑛山敢闘記録【下】

（明盛本社特派員發）かくして鑿岩機で掘つた穴の中へダイナマイトが仕込まれる、點火された導火線の臭ひが焦げるやうな風を運んで坑道の口元あたりへ這つて來た鑿岩夫は一齊に避難して爆破を今か今かと待つ、三分、五分、やがて轟然たる音をたてゝ爆發した、つぎからつぎへと强烈な火藥が凄じい音と砂塵を吹きあげて坑内に鳴り響き、大小の鑛石は周圍の鑛脈に打ち當つて彈きかへり、打ちあげ、果ては雨霰となつて降り落ちる、かくて坑内は一時に捲け臭い靜寂が來た、鑛夫達はオイくと叫びあつて現場へ驅けつけて碎かれた鑛石を抱へながら穴へ落し、あるひはトロに運ぶ、私は愉快な山の響きの中に快い動作を眺めながら坑内に立ちこめる硝煙の中に立つた微風樹が緣々と舞ひ上るなかを鑛石を運ぶ者もあれば、再び穴をうがつ鑿岩夫もゐる孰も働く人達は無駄口一つきかぬ眞剣さだ

一人で一日五トンの鑛石を掘る者もゐますからね、全員は目標數量を石にかぢりついても達成するのだと この通りの 敢闘ですよ」と原係長はいふ、非常に地盤は固いので落盤の危險はなく、自然通風とガス發生のないことが、この神岡鑛山の特徴であるのだ、だから從業員は安心して思ふ存分に活躍出來るのである、戰士の勤務時間は八時間交替で朝六時半に入坑に繰り込んだ鑛員達は坑内事務所の廣場に集まる、ここで國民儀禮を行ひ、山神社に敬虔な祈りをこめてそれぞれ現場へ突進するのである、かうして午後三時まで敢闘した人達は地底から上つて來ると第二回の交替部隊が再び現場へはせつける、そして深夜の十一時まで作業を續けて一日の勤務を終るわけであるが、増產命令が下ると深夜ぶツ通しで活躍するといふことである、今年はこの山に正月はなかつた、元旦一日だけやすんで二日から平常通り山の人達は職場へ出た、誰も故郷へ歸る者はゐなかつたといふ、そして誰一人不平もいはずに新春は地底にたたかつたのである、前線に正月はなく、忠勇なる勇士が血闘してゐると同じく鑛夫達も正月なしで重要資源の増產に勵んでゐるわけだ『富山縣の人達は非常に眞面目で熱心ですよ』といふ原係長の言葉に意を强くして坑道を出た

供米完納、父よ頑張れ

激勵に莞爾 戰ふ越中男兒

橫節勤報隊として地底に闘ふ中新、氷見、射水の三勤勞報國隊員の活躍は實にめざましいものがある、朝山彌作氏（氷見町）を隊長とする氷見隊十六名、鍋冶田桑吉氏（中新川郡上條村）を隊長とする中新隊七名、井元理作氏（射水郡片口村）を隊長とする射水隊五名の全隊員がこゝへ進軍して來たのは十二月十日であつた、いづれも農家のたくましい壯年揃で昨春以來食糧増産に敢闘して來たこの隊員達は十一月一杯まで米の供出に精へてホツと安心したのも束の間今度は地下資源の開發に努力を貸さうと自ら進んで地底に潜つた頼母しい人達ばかりである、一塊でも多くの資源を掘り出さねばならない……全員はかう誓ふと翌十一日から火を吐くやうな激しい作業を續けていつた堅岩に運發に、鑿中塊を發破して翌日の戰闘を續け、元旦も半日だけ休んで二日から活躍するといふ敢闘ぶりに會社當局もいたく感激させてゐる、一方現在までに一人の欠勤者もなく初々と励んで中男の面目を遺憾なく發揮してゐる射水隊の隊長井元理作氏は一同を代表して次のごとく語つた

「勤報隊の名を汚すまいと一同は張り切つてゐます、こゝへ來て最も嬉しいことは鑛石は無限に埋藏されてゐることで、どしどし掘さへすればアメリカだ負けないといふ自信がつきました今われくの掘つてゐる鑛石は直接戰爭に影響する重要な資源です、一塊でも多く掘つて戰爭物資を造らねばならないのです、さう思ふともうぢつとしてをられません、奮起です、富山の人達はもつと多く出て來て勤勞の汗を流して欲しいと思ひます

射水隊の隊長井元理作氏は昨年九州の川南造船所で三ケ月間勤勞の汗を流して來た猛者である、九州から歸ると直ぐに食糧增産に敢闘してゐたが今回地下資源の開發に挺身せんと同志を募めて來隊したもの、故郷を出るときはまだ供出米は完納してゐなかつたので氏は家人に『留守中俺達は必ず供出せよ、もし喰ふ物がなかつたら喰はなくともいゝ』と厳命して山へ登つたのである、それから二週間ののち地底に活躍する氏のもとへ故郷から來信があつた『供出米を完納した、みんながゾロを喰つて頑つてゐる、お父さんもウンと働いて下さい』の意味の文面に井元隊長も地底で覺えず感激をあげたといふ、また同隊の堀岡彌作、栗原直信の兩君は三年間にわたつて中支、北支戰線を轉戰し、赫々たる武勳を土產に故郷に歸つたのは、つい最近であつたが、兩君は『この決戰下に安閑としてをれない、個の倒くまで大君に仕へるのだ』と大陸鍛の腕を磨かして地底に闘つてゐた その他幾多の美談を繰り込んで本縣の勤報隊に活躍してゐるのである

『配給物資も豊富で設備も完備整つてゐる、いゝ鑛山へ來れ』と小林勞務課長は富山縣人に呼びかけた『現在富山縣の從業員は〇〇名をしり、縣別で見ると岐阜につぎ二番目である、しかし富山縣の人は非常に熱心で眞面目でありよく働いてくれる、皆は鑛山だといふとまるで監獄部屋を思はしめてゐたが今ではどこの鑛山でも危險率は少く安心して働けるわけだ、設備もずつと整つてゐる、社宅は全部員に提供してゐるが大部八疊、六疊の二間つきで一ケ月三十錢で電燈、水道は無料であるから生活は非常に樂である、獨身者は寄宿舍があり、食費は一日二十五錢で栄養に重點をおいてゐる、諸種の手當や賞與が高いために現在富山縣人で二萬圓以上も貯へてゐる人が相當ゐるから心強い、鑛山には青年學校、技能者養成所、私立國民學校があつて、授業料は一切無料となつてゐる、また會社直營の病院が四ケ所設けられ、内科、外科、齒科、レントゲン、太陽燈の設備があり家族は一日八錢（小兒半額）の料金で治療を受けてゐる、その他直營の購買所があるから日常物資はこゝで安く買へるなどすべての設備が整つてゐる…鑛山なんか?といふ引込み思案を止めてどしどし富山縣人は進出して欲しい、鑛物は無限藏にあるのだ【寫眞は熱汗を流して闘ふ地下戰士】

なほ鑛山に活躍する勤勞者は次の二十八戰士であつた

△氷見隊＝朝山彌作（三）新井宗登次（三）上平松（三）串井慶吉（三）上田正一（三）四枚田甚吉（三）山野久之助（三）安土原左衛門（三）堂田謙一（三）谷内信作（三）山賀一郎（三）橋本信吉（三）安土直次郎（三）上山久太郎（三）山下庄太郎（三）内田由市（三）（以上氷見町）

△中新隊＝鍋谷田巻吉（三）堀田正（三）古西定二郎（三）松木信市郎（三）堀田尚鏡（二）新喜榮太郎（三）七上丸由次郎（三）（以上七飯村）

△射水隊＝井元理作（三）堀山茂正（三）松岡彌作（三）栗原直信（三）福田茂雄（三）（以上片口村）

1944（昭和19）年1月11日付け『北日本新聞』

戦争中、栃洞手選工場で働く主婦たち
出所：三井金属鉱業株式会社修史委員会事務局『神岡鉱山写真史』三井金属鉱業株式会社、1975

隊として鉱山に勤めることになった。さらに一九四三（昭和一八）年には船津実科高等女学校四年生が鉱山業務に動員された。『神岡町史』にその時の様子を語った女学生の手紙が掲載されている。

砲弾や銃弾の原料となる鉛を製造するため、栃洞選鉱場で働いた。同級生四〇名は、和佐保の光円寺で寝泊まりした。八畳の部屋に六〜七人が寝起きし、朝五時起床で夜八時半に寝る毎日だった。工場から帰って寝るまでが一番楽しい[15]。

地元・船津町の勤労報国隊をはじめ、朝鮮人・俘虜労働者によって支えられた増産は、乱掘を強要した。それに従い、増産に伴う廃物化の亜鉛量も激増した。後年、イタイイタイ病対策協議会が制作した記録映画『イタイイタイ―神通川流域住民のたたかい―』には、当時、神岡鉱山で働いていた人の生々しい証言がある。

私は戦争時中働いていました。大雨が降ると真夜中に命令がくるのです。「今だ！カスを流せ！」私はずぶぬれになってスコップをふるいました。戦争中に工場を拡張して、カスは溜るばかりで捨て場がなかったのです。川はたちまち白く濁って流れていきました[16]。

恐るべき証言である。高原川に捨てられたカスにより、川はたちまち白く濁り、それが下流の神通川へと流れ込んだ。

銃後の神通川流域

日中戦争を経て太平洋戦争の間も神通川は白く濁っていた。「田畑の仕事で疲れ、のどが渇くとためらいもなく、川の水を飲んだ。手ですくい、あるいはスゲガサで、時にはじかに口をつけて。川の中にも畑があったという。舟で渡って行ったのだという。その舟ばたから身をこごめ口をつけて飲む川の水。『その水はおいしゅうごぜえましたです』、そういわれたとき、私はどっとこみあげる涙を押さえることはできなかった。ああ『その水は、おいしゅうごぜえましたです』。誰が彼女らを無知だといって責めることができようか。彼女らにとって、川は自分たちの命であったのだ[17]」。太平洋戦争後、神通川流域の婦人たちを訪ねた大島渚（筆者注：映画監督・脚本家・演出家、一九三二―二〇一三）は、「彼女らは、命と信じて地獄を飲み干したのであった[18]」と涙している。

参考までに神通川流域図（図4―2）と患者発生地図（図4―3）を見てほしい。神通川流域といってもその両岸に広がる平野は広い。被害地は旧富山市と現在ではいずれも富山市に合併されている旧の婦中町・八尾町・大沢野町である。

神通川中流の左岸（婦中町・八尾町）、右岸（大沢野町・富山市）に患者は多発しているが、これらの地域は東の熊野川、西の井田川という、神通川に注ぐ両支流に挟まれた扇状地である。この地区は牛ヶ首用水や新保用水でとった神通川の水を直接取り入れ灌漑を行っている。これにもう一つ一九四五（昭和二〇）年頃の地名が入った地図（図4―4）も参照してほしい。二重丸のついている熊野村がイタイイタイ病の最激甚被害地である。

この三つの地図を重ね合わせると、イタイイタイ病の患者が大量に発生した地域はかつての熊野村

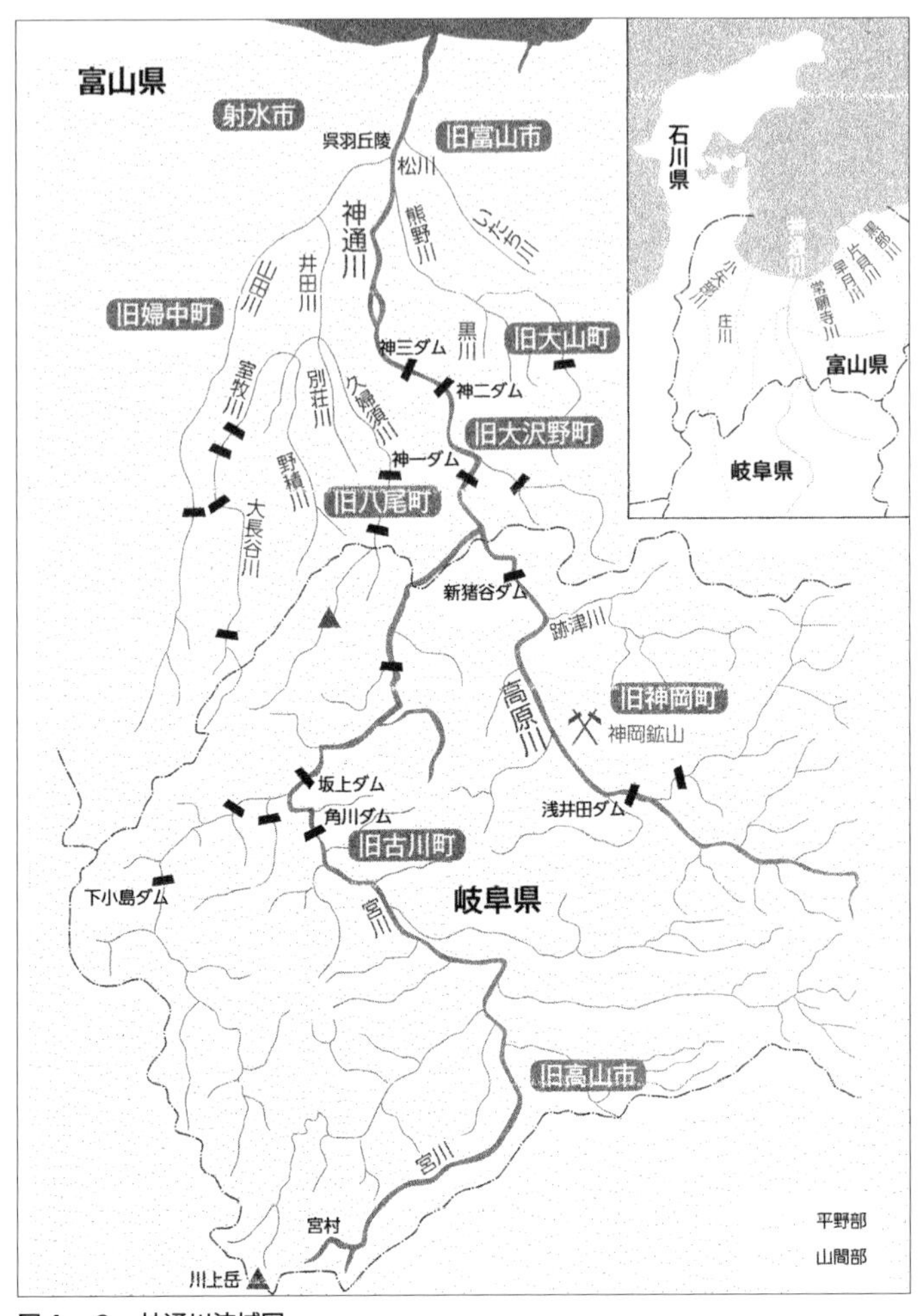

図4－2　神通川流域図

出所：神通川流域カドミウム被害団体連絡協議会『甦った豊かな水と大地』富山県、2017

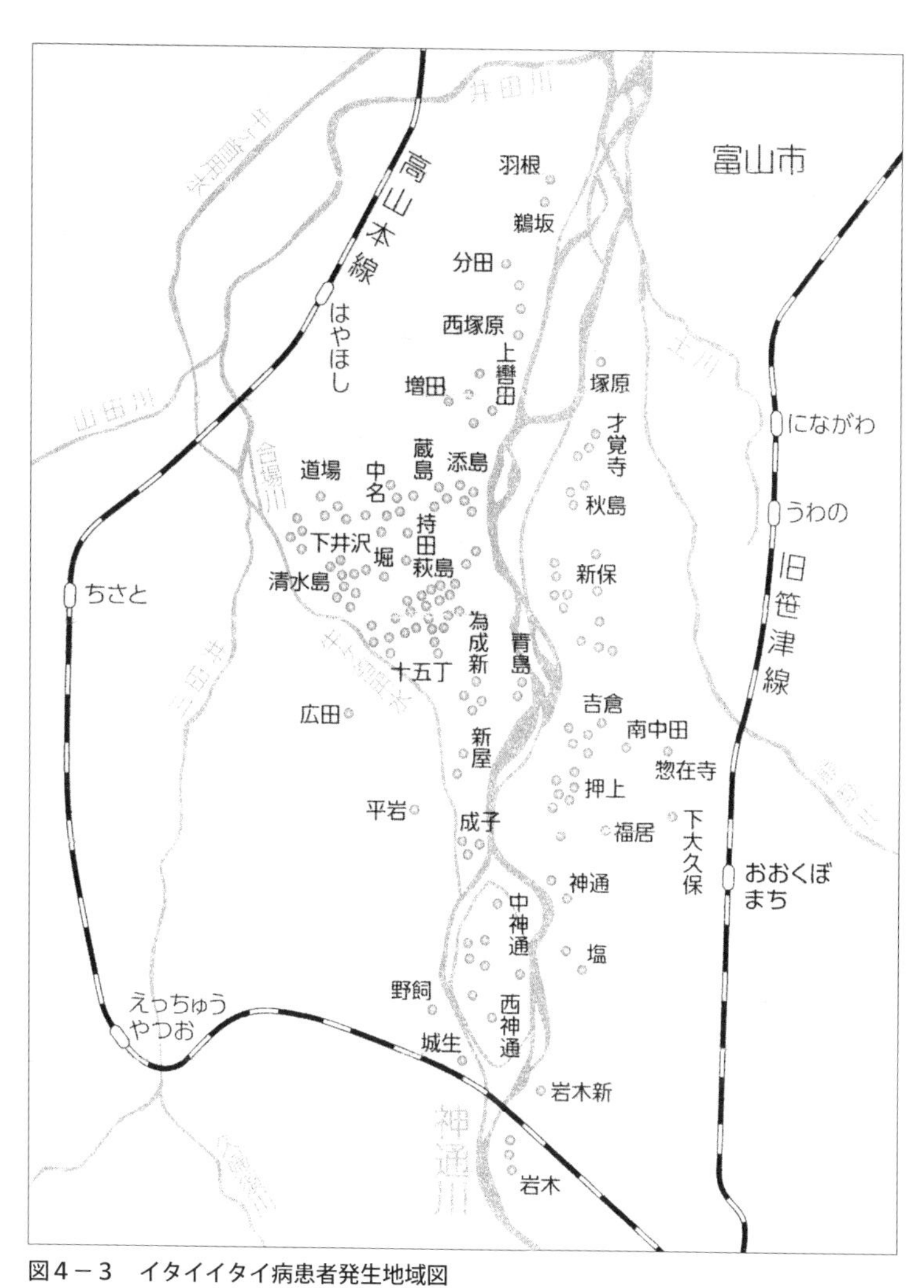

図4－3　イタイイタイ病患者発生地域図

出所：神通川流域カドミウム被害団体連絡協議会『甦った豊かな水と大地』富山県、2017

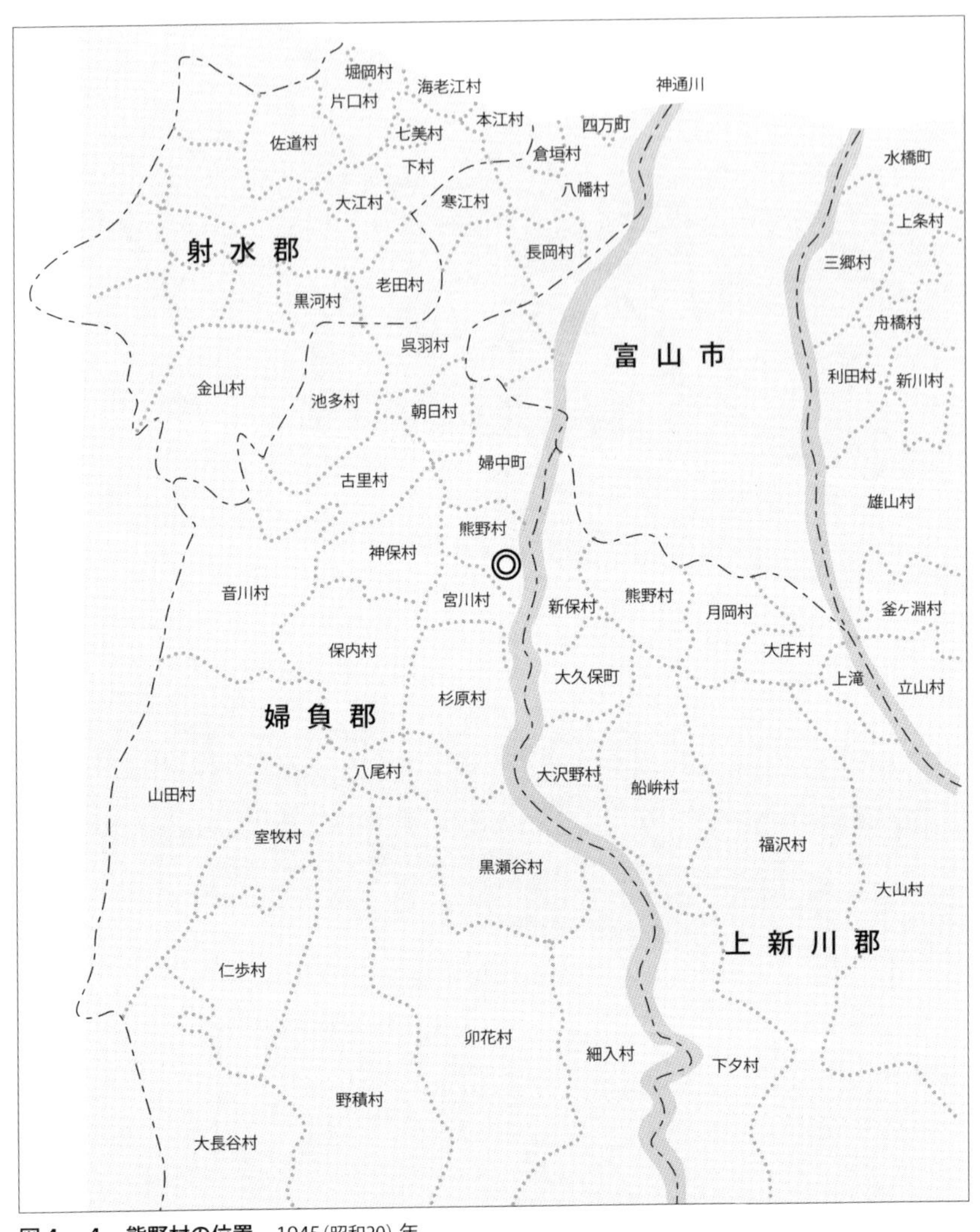

図４－４　熊野村の位置　1945（昭和20）年

出所：松波淳一『定本　カドミウム被害100年　回顧と展望』桂書房、2010

を中心に神通川中流の両岸であることがわかる。これらの被害地域は、専業農家がほとんどの純農村であった。神通川の豊かな川水は、飲み水をはじめ日常的な生活用水であり、また、農業には欠かせない貴重な灌漑用水だった。さらに加えていえば、神通川は度々氾濫し、激甚被害地となった地域では、洪水時に農用地・非農用地を問わず神岡鉱山の毒水が運ばれ、広範囲に冠水していた。例えば、一八九六（明治二九）年から一九二三（大正一二）年の間に限っても**表4－4**に示したように二二回も洪水が発生している[19]。氾濫時にはカドミウムなど重金属で汚染された土砂が沈積したことであろう。

大量に患者が発生していた被害地域ではどのような状況だったのか、まず、祖母、母をイタイイタイ病で亡くした高木良信（一九三〇年生まれ）の証言である。

高木家のある婦中町萩島（はぎのしま）（現・富山市）は悲惨なイタイイタイ病の被害を受けた婦中町熊野地区の中心部に位置し、最も深刻な健康被害、農地被害を被った激甚被害地と言っていい。そもそも婦中町一帯は近世から藩の穀倉地帯とし

表4－4
神通川水害総括表（1896－1923）

年	被害度数	氾濫面積 町
1896（明治29）	7	7,109
1897（明治30）	5	2,927
1899（明治32）	1	832
1903（明治36）	2	2,324
1910（明治43）	3	1,450
1914（大正3）	1	7,379
1920（大正9）	1	905
1922（大正11）	1	5
1923（大正12）	1	13

出所：本間慎「神通川流域におけるカドミウムの地域特性の問題点（Ⅲ）」1982

高木良信さん　2014（平成26）年1月　筆者撮影

て重きをなしたが、神通川・井田川に直接介在する萩島を中心とする熊野地区は、昔から両河川氾濫の被害が最も多く、しばしば河原と転じたという。一八八九（明治二二）年の町村改正で萩島など一五村からなる熊野村が誕生し、以来、戦後の一九五五（昭和三〇）年、婦中町に合併するまで萩島は、明治・大正・昭和を通じて熊野村では二番目に大きい戸数三五戸前後の集落として歴史を刻んできた。熊野村の面積は五・四三平方キロ、戸数は二五〇戸前後、人口一五〇〇人前後で推移している。

高木家（図4－5参照）は、明治から昭和の初め頃まで、神通川から下流へ下る賃取舟の茶店を開いており神通川との縁が深い。実は高木の祖母も母もイタイイタイ病の患者であった。正確に言えば、高木は一九五五（昭和三〇）年、イタイイタイ病で亡くなった母・高木よしの相続人としてイタイイタイ病第一次訴訟の原告となった。

母・よしは一八九三（明治二六）年に神通川流域の婦

図4－5　高木家と江添家の周辺図　永井真知子作成

中町下井沢で生まれ、一九一〇（明治四三）年、やはり神通川流域の婦中町萩島に嫁ぎ、六二歳で亡くなるまでこの地に住んでいた。よしの嫁いだ高木家は神通川から取水している合口（ごうぐち）用水のすぐそばにあり、一家はこの用水の水を生活用水として利用していた。また、高木家は合口用水と同じく神通川から取水している青島用水の水で灌漑する水田約一町八反（約一八〇アール）を有する農家でもあった。よしは結婚後、農作業に従事しながら五男二女をもうけたが、このうち、三人が幼少時に亡くなり、成人したのは五男にあたる末っ子の高木良信ら四人であった。よしが結婚まで育った婦中町下井沢も汚染地であったため、よしは一生を通じて、カドミウム被害に晒（さら）されてきたのである。

良信の記憶によれば母・よしが体の痛みを訴え始めたのは、太平洋戦争の敗戦直後からで、一九四九（昭和二四）年頃、歩行で痛みを訴え、一九五一（昭和二六）年頃から杖をついて歩くようになり、やがて寝たきりになった。

合口用水記念碑　　2017（平成29）年7月　筆者撮影

この年、一九五一（昭和二六）年に良信は、やはり神通川流域で生まれ育った愛子と結婚する。寝たきりになった母・よしの世話は主に愛子の仕事であった。よしは一日中、布団の中であったため、三度の食事を運んだり、便をとったり、風呂へ入れないため体をふいたりと、愛子と良信が介護にあたった。良信の父は母が亡くなる前の一九五四（昭和二九）年に亡くなったが、母は自宅での葬儀にも出ることが出来なかった。母は葬儀の行われた座敷から離れたところに床をとっていたが、体の痛みがひどく動けないため、夫の死に顔も見れないと嘆いていたという。

良信は一九五五（昭和三〇）年、イタイイタイ病で亡くなった母・高木よしの相続人としてイタイイタイ病第一次訴訟の原告となった。良信がイタイイタイ病の住民運動と訴訟に身を投じたのも祖母や母の惨状を身近に見ていたからこそである。良信は「やっぱり、私のおばあさんの命を奪ったり、母親の命も奪った憎い神岡だと、よし、ここでかたきをとってやらなきゃならん。親の墓の前でひざまずかせて頭を下げさせてやろうと決心して運動に参加した」と筆者に語ってくれた。

高木良信の家は、神通川左岸の最激甚被害地、熊野村萩島にあったが、一方、対岸の地域はどのような状態だったのだろうか。

神通川右岸で被害が大きかったのはかつて富山県上新川郡に属していた新保村（しんぼむら）であった。現在は富山市南部の新保地区であるが、前掲の一九四五（昭和二〇）年の地図では上新川郡に属している。

後年、前述の高木良信とともに、イタイイタイ病対策協議会副会長として、イタイイタイ病住民運動を率いた江添（えぞえ）久明は（一九二五―二〇一二）、新保村任海（とうみ）（図4―5参照）に生まれた。長男・良夫に次いで第二子が生まれたが、乳児期に死亡したので、事実上は次男として成長した。兄の良夫は太平洋戦争に出征し、南方クサイ島で戦病死した。

江添の母・チヨがイタイイタイ病患者であった。一九〇四（明治三七）年、日露戦争の年に生まれたチヨは、四六歳で発病、後にイタイイタイ病裁判第一次原告となった。

江添の手記[20]によると神通川右岸と熊野川の中間にある江添の家は農業で忙しく、一家あげて農業に勤しんでいたという。子どもの頃は、神通川より家から近い熊野川で水泳をするのが楽しみだったが、当時、日本が満州から支那方面へ進出し軍国主義華やかな時で、田に稲がなくなる秋の末頃から春の水田に変わるまでの間は、常に戦争ごっこをして遊んだという。子どもの頃はやはり農民の仕事であ

江添久明さん　1944（昭和19）年春撮影　江添良作提供

る農作業の大変さをみており、時々手伝った作業の辛さは忘れられなかった。

低学年の頃は伸び伸びと豊かに育った子どもだった江添も、小学校高等科へ進む頃から学業は疎かになり、国民精神総動員の掛け声とともに軍国少年として成長していった。

一九三七（昭和一二）年、日中戦争の始まりとともに現役兵以外の在郷軍人も召集され、戦いの拡大とともに、故郷から若い労働力が召集され出征していった。戦いが激化し、次第に農村に若い労働力が減り、小学校六年生以上は出征兵士の留守宅に勤労奉仕動員がされた。子どもたちの銃後も学業どころではなくなり、出征兵士見送り、留守宅勤労奉仕、食糧補給の馬鈴薯や甘藷づくりで、荒れた河川敷の開墾などに追われた。

一九四〇（昭和一五）年、新保小学校を卒業した江添は、軍事一色の流れの中で、折から募集されていた航空廠（しょう）軍属として、岐阜県の各務原（かかみがはら）陸軍航空廠に就職した。当時、戦いは空軍の優劣が戦局を変えるようになっており、空軍体制強化が目標になっていたのである。

一九四一（昭和一六）年、太平洋戦争開戦とともに戦局は拡大、江添は、一九四二（昭和一七）年、樺太（カラフト）への転属命令を受け、各務原を離れた。

一九四四（昭和一九）年春、樺太で繰上げ徴兵検査を受け甲種合格、八月中旬に現役召集令状を受け取り、新たに軍属から軍人として出征、九州・福岡の大刀洗（たちあらい）航空教育隊に入営した。宿舎は山を掘っての壕舎生活であった。

大刀洗では主に山頂で非常時に備える目的の通信班に所属していたが、敗戦間際の厳しい戦局だった。やがて八月六日には広島への原爆投下を受けて、こうした新型爆弾では火傷の恐れがあるため、毛布を携帯せよとの指示があり、毛布持参で山頂勤務をしていたところ、八月九日、遠く長崎方面に敵機が現れたと思うとピカッと強烈な発光があり、長崎への原爆投下と知った。ゴオーと雲の上昇する音が聞こえるような感じで身震いする思いであの恐ろしさは生涯忘れることはなかったという。

終戦と同時に故郷の新保村へ帰った江添は、兄の戦死により、家督を相続、農業に取り組むことになる。

神通川右岸では、高木良信の家があった左岸と同じように、異常な病気が多発してはいたが、長い間、流域住民はその全容を知らず、患者を抱えた家では、原因不明の病人を表に出さず、ただ業病と諦めていた。患者は一旦発病すると回復することはなく、その家は呪われた家と敬遠され、一時伝染病の噂も持たれたため患者を人目から隠すようになった。さらにはあまり騒ぐと米が売れなくなるなどの圧力もあった。

しかし、一番の原因は被害の範囲や実態がわからなかったことであった。神通川の両岸集落で同時期に同じ患者が多発し、農村婦人の生命が奪われていたことを知るには、今日と異なり、余りにも両岸の交流は不便で、お互い対岸の実情を知ることはなかった。神通川の両岸を繋ぐ橋は、有沢橋から上流大沢野町笹津橋の間に成子橋のみであった。この橋は洪水ごとに流出し、両岸は行政区域も異なりほとんど交流がなく、わずかに神通川で働く川船頭の人たちがつながりをもっていた程度で深刻な人命被害が同時に多発していたとは知るはずもなかったのである。

イタイイタイ病はこの時期、江添家にも忍び寄っていた。戦争も終わり、父母が必死に守り抜いてきた農業を復員してきた久明が引き継ぎ、父母に楽をしてもらおうと思っていた矢先に、母・チヨにイタイイタイ病が襲いかかっていた。

ここまで江添久明の手記を要約しながら銃後の農村の様子を記述してきた。母・チヨのその後については、第六章で詳述したい。

高木良信も江添久明も兄弟を戦争で失い、家族はイタイイタイ病で苦しめられるという、まさに戦争と公害の二重の下敷きとなっていたのである。

毒水の中で農業生産増強要求

すでに第三章、第四章で見たように、日中戦争から太平洋戦争に至るいわゆる一五年戦争では、神岡鉱山は、戦時経済体制に組み込まれ、生産の拡大・増強が強行され、太平洋戦争下では、未熟練労働者を動員しての乱掘が強行された。この影響が神通川流域で出ないはずはない。

一九四二（昭和一七）年七月二三日付けの『北日本新聞』には「神岡鉱山毒水」の見出しがある。この記事を引用する。

> 岐阜県船津町の三井神岡鉱業所から流出する汚毒水のため、神通川流域の水田一千数百町歩（引用者注：約千数百ヘクタール）が被害を蒙るのでさきに洗鉱・沈澱施設を完備されたき旨を関係地元民から要望されていたが、その後も引き続き汚毒水が流出するため、青田季節に相当の支障を来す憂いがあるので、県ではこのほど大阪鉱山監督局長にあて至急汚毒水防止の措置を講ぜられたいと懇請状を発した。なほ同汚毒水の主成分は鉛と亜鉛。被害水田は上新川六百町歩（約六〇〇

ヘクタール）、婦負七百町歩（約七〇〇ヘクタール）である。[21]

戦局は激しさを増し、一方では、軍需への生産増強体制が強行されるとともに、もう一方では、実は戦時体制を支える農業生産力の増大も大命題になっていた。農業生産の増強を要求される神通川流域の農民は、富山県当局に鉱毒被害対策を迫り、神岡鉱山への改善要求が富山県や直接被害を受ける市町村農民から行われていた。富山県では一九四〇（昭和一五）年度に鉱毒流入防止の応急的施設を県内六〇〇ヵ所で行い、一時は成果を収めたものの、経費の都合で翌年度からこの施設事業を中止した経緯がある。もちろん、戦争遂行のためには、農業生産力は欠かせない。富山県とともに農林省（当時）も増産達成のために、三井神岡鉱業所へ改善対策を要望しながら、実情調査に乗り出していた。

次に掲載する**表4―5**、**表4―6**は、一九四〇（昭和一五）年頃〜一九四二（昭和一七）年頃の農作物被害の状況とその原因をなす神岡鉱業所の工場廃液の実態を調査した農林省調査官の復命書、いわゆる報告記録である。農林省調査官とは、のちにイタイイタイ病カドミウム説に貢献した小林純（当時は農事

神岡鑛山汚毒水
縣から防止施設を要請

岐阜縣船津町の三井神岡鑛業所から流出する汚毒水のため神通川流域の水田一千數百町歩が被害を蒙るので、さきに洗鑛、沈澱施設を完備されたき旨を關係地元民から要望されてゐたがその後も引續き汚毒水が流出するため[illegible]田稻作に相當の支障を來す惧ひがあるので、縣ではこのほど大阪鑛山監督局長にあて至急汚毒水防止の措置を講ぜられたいと陳情狀を發した、なほ同汚毒水の主成分は鉛と亜鉛、被害水田は上新川六百町歩、婦負七百町歩である

1942（昭和17）年7月23日付け『北日本新聞』

表4―5　一九四〇(昭和一五)年、一九四一(昭和一六)年　神岡鉱山神通川沿岸鉱毒被害状況

（単位：反）

年次	一九四〇(昭和一五)年					一九四一(昭和一六)年				
町村名	被害総面積	収穫皆無七割以上	七割ヨリ五割以上	五割ヨリ三割以上	三割以下	被害総面積	収穫皆無七割以上	七割ヨリ五割以上	五割ヨリ三割以上	三割以下
上新川郡										
下タ村	二三	—	—	二三	—	—	—	—	—	—
大沢野町	二、〇〇〇	—	四〇三	七九三	八〇〇	四、一二〇				
大久保町	三五一	一〇	二〇	一五二	三六九	三五一	—	—	六〇	四九一
新保村	一、五六九	三五	八二	三〇四	一、三四八	一、九六九	—	一一七	一七〇	一、六八二
婦負郡										
熊野村	六二八	四三	二四二	一四一	二〇〇	三〇〇				三、〇〇〇
富川村	八三四	二三四	一二〇	二四〇	二三〇	二、四四六				二、四四六
杉原村	二、一二四	一三七	八七	一〇〇	一、八〇〇	一、二三〇				一、二五〇
八幡村	一三三	—	—	—	一三三	—				—
長岡村	二〇	—	七	一一	二一	四〇				四〇
婦中町	一、五四〇	三〇〇	二六〇	四〇二	三七〇	一三四				一三四
富山市										
旧神明										
金屋										
計	九、六四二	七八一	一、二三一	二、一六九	三、四六一	一三、三二〇		一一七	二三〇	九、〇四三

出所：イタイイタイ病訴訟弁護団『イタイイタイ病裁判　第4巻　判決資料』総合図書、1973

表4－6　一九四二（昭和一七）年度　神岡鉱山神通川沿岸鉱毒被害状況

郡町村名	被害総面積	同上内容 皆無及七割以上減収見込面積	同上以上五割以上減収見込面積	同上以上三割以上減収見込面積	同上以下減収見込面積	減収見込石数	被害農家戸数
上新川郡	反	反	反	反	反	石	戸
下夕村	二三	｜	｜	二三	｜	一七	一三
大沢野町	二、〇〇〇	｜	四〇五	七九五	八〇〇	二、一六〇	五〇二
大久保町	五九一	一〇	二〇	一五二	五六九	四四二	二一六
新保村	一、九六九	三五	八二	二〇四	一、五四八	七八八	二一七
婦負郡							
熊野村	六二八	四五	二四二	一四一	二〇〇	二九二	一五二
宮川村	八三四	二五四	一二〇	二四〇	二二〇	一、〇〇一	一六四
杉原村	二、一二四	一三七	八七	一〇〇	一、八〇〇	三八九	二〇六
八幡村	一三三	｜	｜	｜	一三三	四〇	三一
長岡村	四〇	｜	七	一二	二一	一二	四五
婦中町	一、三四〇	三〇〇	二六八	四〇二	三七〇	一、二四四	二三五
富山市							
神明	一、五〇〇	｜	｜	｜	一、五〇〇		
金屋	一、〇〇〇	｜	｜	｜	一、〇〇〇		
計	一三、一四二	七八一	一、二五一	二、一六九	七、九六一	六、四八四	一、七七九

出所：イタイイタイ病訴訟弁護団『イタイイタイ病裁判　第4巻　判決資料』総合図書、1973

試験場技師）と農林小作官補の石丸一男である。

一九四〇（昭和一五）年頃では、被害総面積が九六四町二反（約九六四・二ヘクタール）だったが、太平洋戦争に突入した一九四一（昭和一六）年頃ではさらに増えて、一三三二町（約一三三二ヘクタール）になっている。また、一九四二（昭和一七）年頃も前年と大きく変わらない。復命書では、被害問題の経過、鉱山操業の概要、被害地の状況、被害の原因、対策について順次、報告されているが、被害問題の経過については前述した一九四〇（昭和一五）年度に鉱毒流入防止の応急的施設を設置したことについて以下のような記述がある。

支那事変ノ勃発ニ伴フ鉱業ノ増加ハ日ヲ追ッテ大トナルニ及ビテヨリハ鉱滓、廃水等自然増加ニ強ヒ除害施設並ニ其ノ運営ノ増産ニ伴ハヌ結果ヲモ招来セル等ノ為ニヨリテ鉱山ノ廃水ハ涸蝕濃化シ神通川河水ヲ灌漑セル上新川、婦負両郡町村及富山市所在水田ニ作付セル水稲ノ生育ニ斯カラザル障害ヲ見ルニ至レリト云フ（中略）被害水田ニアリテハ鉱山ヨリ排出サルル有毒砂泥ヲ排除シ被害程度ヲ最小限度ニ止メシムル為ニ沈砂泥池ヲ設置セシムコトトセリ

即チ小沈殿池ヲ用水路ノ幹線等ヨリ水田ニ取入ルル箇所毎ニ面積ニ坪深サ三尺程度ノモノヲ別紙ノ如ク六〇〇ヶ所設置セシムルモノニシテ之がガ所要経費ニ付テハ災害対策費トシテ県費ヲ計上シ一ヶ所二円（六〇〇ヶ所計一二〇〇円）ノ補助金ヲ交付シ被害ノ軽減除去ニ努メシメタリ[22]

日中戦争勃発時から増え続ける一方の水田被害について、神岡鉱山へ除害施設の拡充を求めるだけ

では埒があかないとみた富山県当局は、このように一旦は県費助成を試みたが、予算が伴わず、あえなく中止となり、太平洋戦争開戦時には前年の一・五倍の被害面積となってしまった。

鉱山から排出された水が、稲の生育に大きな障害を与えていることを農林省の調査で知った神通川流域の農民は、目を血走らせて神岡鉱山へ押しかけた。しかし、鉱山駐在の憲兵が「日本の生死がかかってるんだ。時局を考えろ」とサーベルをがちゃつかせ、追い払った。[23]

軍需への生産増強とともに、もう一方の生産力増強であったはずの神通川流域の農業生産力は、一九四二（昭和一七）年度では、前掲の如く、被害農家一七七九戸、減収見込みは六四八四石に達している。吉田文和はこうした結果について「『耕地は全国、鉱物は極限』という論理によって、鉱業優先がつらぬかれ、農業生産力破壊が必然的におこり、この面で、戦時生産力の拡充ではなく、破壊ないしは、衰退をもたらさざるをえなかった。そして富山平野における被害の拡大は、農業のみでなく、すでに発生していたイタイイタイ病をも激化させ、農業生産力のみでなく、人間的生産の根源をもおそうにいたったのである」[24]と述べている。

太平洋戦争という聖戦遂行にあって、農林省技官の貴重な報告に対しても何らの処置もされず、悲痛な農民の訴えも握りつぶされた。一九四三（昭和一八）年以降の『北日本新聞』を渉猟すると、一九四三（昭和一八）年七月一〇日付けには、「神通川の鉱毒水対策　県に委員会設置、防除研究」の記事が見える。この記事で、鉱山側の意見の中に「現下の非常生産を完遂するためには汚毒水の完全防除を期し難き状態にあるので」[25]との時局を反映した説明があり、「恒久的対策を樹立するための研究を進める」[26]との報道がある。

また、同年七月二三日付けには、「神通川の鉱毒対策検討　神岡鉱山に応急恒久両施設練る」とのタイトルのもと、先の農林省の調査で「鉱毒の正体は水中亜鉛と鉛であることが判明した[27]」とある。この時点では、鉱毒の原因物質として、カドミウムそのものが示されていない。

一九四三（昭和一八）年一二月一七日付け『北日本新聞』には、「神岡の鉱毒防止　施設完備と技術的監視を決定[28]」とある。また、一九四四（昭和一九）年二月六日付け『北日本新聞』には「鉱毒防止施設苗代期までに措置[29]」とある。いずれも「鉱毒防止」の見出しが目立つ記事が続くが、資材入手も困難な戦局悪化の中で、神通川流域の農民には空しく響く記事であった。一九四四（昭和一九）年二月六日付けの「鉱毒防止施設」の記事の隣には「軽車両を戦力化」とある。「自動車、牛馬車をはじめ荷車、自転車、手押車など一切の軽車両を計画的に戦力化することを目的に本県警察部では五日付をもって保安課を廃止し、新に輸送課を設置[30]」とある。

折からの大増産の号令の中で、一つ付け加えておきたいのは、神岡鉱山の製錬部門で一九四三（昭和一八）年から亜鉛・硫酸製造が開始されたことである。そして処理能力を高めるために、電気亜鉛の工場も神岡鉱山に建設された。この亜鉛電解のシステム導入により、翌年一九四四（昭和一九）年には初めてカドミウムの生産が開始された[31]ことも特筆すべきことであろう。

敗戦の日が刻々と迫っていた。

七月から八月にかけて神岡鉱山に近い富山県では、七月二〇日に富山市岩瀬の工場地帯が空襲を受けたのをはじめ、八月二日未明には、富山市が地方都市としては最大の焼失となった富山大空襲を受けた。

戰爭終局へ聖斷・大詔渙發す

帝國政府 四國共同宣言を受諾

萬世の爲に太平開かむ

畏し 敵の殘虐・民族滅亡を御軫念

神州不滅 總力建設御垂示

詔書

朕深ク世界ノ大勢ト帝國ノ現狀トニ鑑ミ非常ノ措置ヲ以テ時局ヲ收拾セムト欲シ茲ニ忠良ナル爾臣民ニ告ク

朕ハ帝國政府ヲシテ米英支蘇四國ニ對シ其ノ共同宣言ヲ受諾スル旨通告セシメタリ

抑々帝國臣民ノ康寧ヲ圖リ萬邦共榮ノ樂ヲ偕ニスルハ皇祖皇宗ノ遺範ニシテ朕ノ拳々措カサル所曩ニ米英二國ニ宣戰セル所以モ亦實ニ帝國ノ自存ト東亞ノ安定トヲ庶幾スルニ出テ他國ノ主權ヲ排シ領土ヲ侵スカ如キハ固ヨリ朕カ志ニアラス然ルニ交戰已ニ四歳ヲ閲シ朕カ陸海將兵ノ勇戰朕カ百僚有司ノ勵精朕カ一億衆庶ノ奉公各々最善ヲ盡セルニ拘ラス戰局必スシモ好轉セス世界ノ大勢亦我ニ利アラス加之敵ハ新ニ殘虐ナル爆彈ヲ使用シテ頻ニ無辜ヲ殺傷シ慘害ノ及フ所眞ニ測ルヘカラサルニ至ル而モ尚交戰ヲ繼續セムカ終ニ我カ民族ノ滅亡ヲ招來スルノミナラス延テ人類ノ文明ヲモ破却スヘシ斯ノ如クムハ朕何ヲ以テカ億兆ノ赤子ヲ保シ皇祖皇宗ノ神靈ニ謝セムヤ是レ朕カ帝國政府ヲシテ共同宣言ニ應セシムルニ至レル所以ナリ

朕ハ帝國ト共ニ終始東亞ノ解放ニ協力セル諸盟邦ニ對シ遺憾ノ意ヲ表セサルヲ得ス帝國臣民ニシテ戰陣ニ死シ職域ニ殉シ非命ニ斃レタル者及其ノ遺族ニ想ヲ致セハ五内爲ニ裂ク且戰傷ヲ負ヒ災禍ヲ蒙リ家業ヲ失ヒタル者ノ厚生ニ至リテハ朕ノ深ク軫念スル所ナリ惟フニ今後帝國ノ受クヘキ苦難ハ固ヨリ尋常ニアラス爾臣民ノ衷情モ朕善ク之ヲ知ル然レトモ朕ハ時運ノ趨ク所堪ヘ難キヲ堪ヘ忍ヒ難キヲ忍ヒ以テ萬世ノ爲ニ太平ヲ開カムト欲ス

朕ハ茲ニ國體ヲ護持シ得テ忠良ナル爾臣民ノ赤誠ニ信倚シ常ニ爾臣民ト共ニ在リ若シ夫レ情ノ激スル所濫ニ事端ヲ滋クシ或ハ同胞排擠互ニ時局ヲ亂リ爲ニ大道ヲ誤リ信義ヲ世界ニ失フカ如キハ朕最モ之ヲ戒ム宜シク擧國一家子孫相傳ヘ確ク神州ノ不滅ヲ信シ任重クシテ道遠キヲ念ヒ總力ヲ將來ノ建設ニ傾ケ道義ヲ篤クシ志操ヲ鞏クシ誓テ國體ノ精華ヲ發揚シ世界ノ進運ニ後レサラムコトヲ期スヘシ爾臣民其レ克ク朕カ意ヲ體セヨ

御名御璽

昭和二十年八月十四日

各國務大臣副署

忍苦以て國體護持

國運を將來に開拓せん

内閣告諭

鈴木首相

[illegible]

御親ら御放送 けふ正午

[illegible]

「民を斃すに忍びず」

白き御手袋を御眼に

聖慮宏遠 諸員みな慟哭

[illegible]

最後の御前會議

[illegible]

憂國の至情交々吐露

御前會議 閣議の經過

[illegible]

1945（昭和20）年8月15日付け『読売報知』

一九四五（昭和二〇）年八月一五日、終戦。

「日本が無条件降伏となるやいなや、アメリカの飛行機が、神岡町の上空にあらわれ、兵士たちのための衣服や食料品を投下していった。飛騨の山中にまで敏速に救援活動が行われたことは、連合軍側が兵士をいかに大切に扱っていたかということを思わせるものである」[32]と細入村史は書くが、一〇〇〇人近い俘虜が神岡鉱山で使役されていることを知っていたからこそ、神岡鉱山への爆撃らしい爆撃もなかったのではないだろうか。

第四章のまとめとして、太平洋戦争終戦までのイタイイタイ病要治療者数の累積発生率と粗鉱生産量、推定廃物化亜鉛量との関連を**図4－6**に示す。このグラフのキーポイントは廃物化亜鉛量にある。

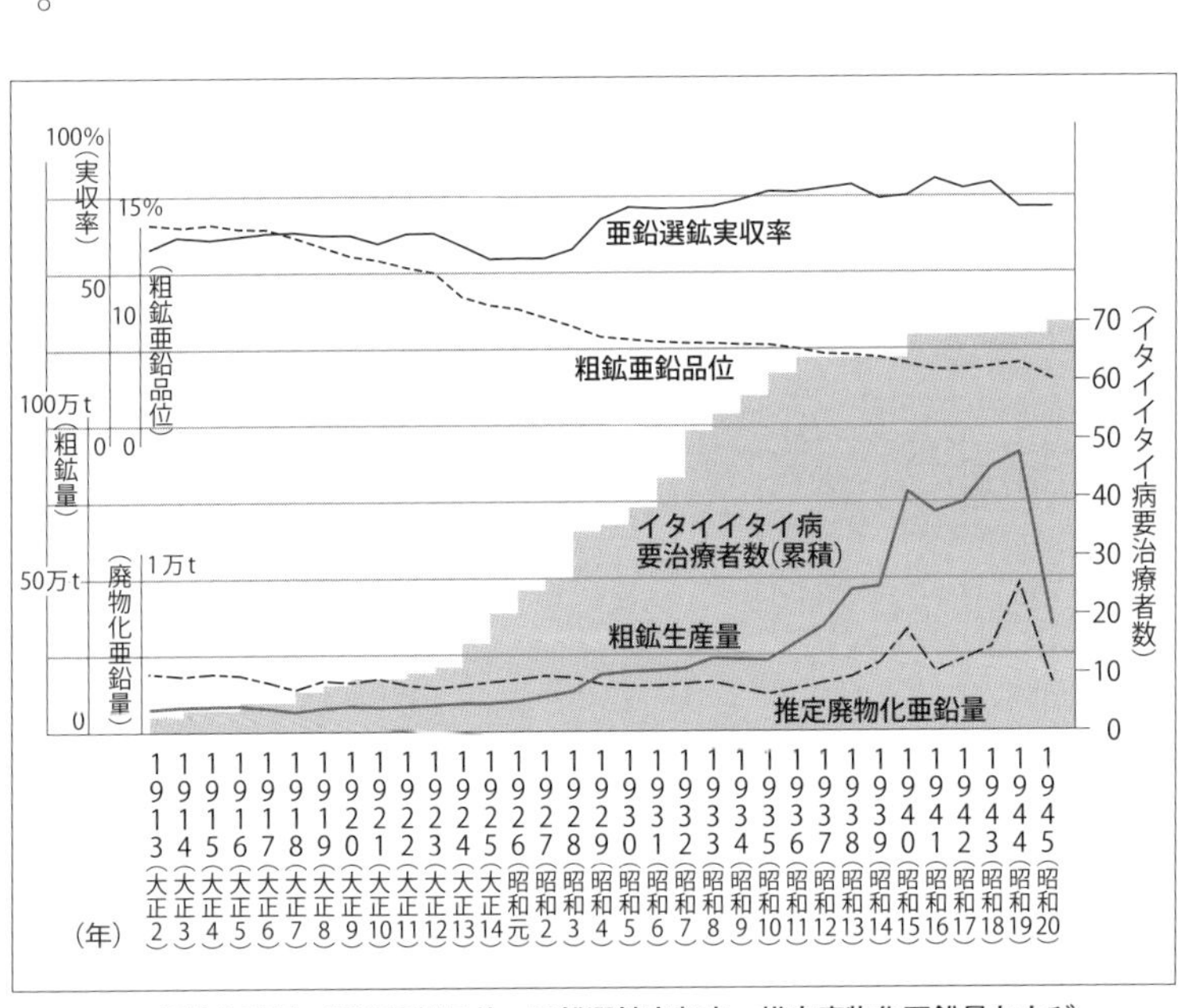

図4－6　粗鉱生産量・粗鉱亜鉛品位・亜鉛選鉱実収率・推定廃物化亜鉛量およびイタイイタイ病要治療者数（累積）の推移

出所：倉知三夫／利根川治夫／畑明郎編『三井資本とイタイイタイ病』大月書店、1979

というのも廃物化亜鉛量の約二〇〇分の一がイタイイタイ病の原因であるカドミウム量と考えられるからである。『三井資本とイタイイタイ病』は、廃物化亜鉛量について次のように説明する。

廃物化亜鉛量は、粗鉱生産量と粗鉱亜鉛品位および亜鉛選鉱実収率によって決まる。たとえば、一九三九～四〇（昭和一四～一五）年にかけて、粗鉱生産量の上昇率ほど廃物化亜鉛量のそれが上昇していないのは、この期間、亜鉛品位の低下以上の率で実収率が増大したからである。この図から次の諸点が指摘できる。①一九三九～四〇（昭和一四～一五）年にかけての粗鉱生産量・廃物化亜鉛量の著増が、農業被害を増大させ、農民に小型沈殿池を設置させるに至った。②粗鉱亜鉛品位は一貫して低下しており、一九四三（昭和一八）年頃、一部高品位鉱を採掘したとみられるが、③それは、すでに一九四〇（昭和一五）年を画期とする、採鉱部門における増産の限界をカバーするためになされたものと思われる。④他方では実収率の増大でそれに対応するが（一九四〇～四一年の著増）、それもただちに限界につきあたり、一九四四（昭和一九）年には急減した。⑤粗鉱量が増大するなかで、農業被害が増大し、農民の力を背景とする富山県の追求の強化は、一九四一（昭和一六）年の太平洋戦争開始を画期としている。⑥一九二七（昭和二）年以降のイタイイタイ病患者の激増は、同年の全泥優先浮遊法の導入以後、廃物の量的・質的変化にともない蓄積されてきた病気発生要因が、この時期におけるカドミウム等の摂取量の増大と相まっておきたものと思われる。[33]

戦前最高の生産量を出した一九四四（昭和一九）年の廃物化亜鉛量は、この図で比較すると一九三一

（昭和六）年の三倍以上になっている。これに伴い、イタイイタイ病患者も増えている。繰り返しになるが、廃物化亜鉛量は粗鉱生産量の増大とともに亜鉛選鉱実収率がカギとなって決まる。この廃物化亜鉛量の増大こそ、イタイイタイ病患者の増加につながるのである。

戦後の神通川流域には、奇病・風土病の名の下に、恐るべき人間被害の荒野が広がるのである。第五章で検証したい。

引用文献

［1］三井金属鉱業株式会社修史委員会『続神岡鉱山史草稿　その四』一九七八

［2］利根川治夫「一五年戦争下における鉱山公害問題」『国民生活研究』第一七巻第四号、一九七八

［3］三井金属鉱業株式会社修史委員会『続神岡鉱山史草稿　その四』一九七八

［4］三井金属鉱業株式会社修史委員会『続神岡鉱山史草稿　その四』一九七八

［5］佐々木亨「神岡鉱山における俘虜労働」『三井金属修史論叢』第二号、一九六八

［6］佐々木亨「神岡鉱山における俘虜労働」『三井金属修史論叢』第二号、一九六八

［7］金賛汀編著『証言　朝鮮人強制連行』新人物往来社、一九七五

［8］『特高月報』一九四三（昭和一八）年五月分

［9］江夏美好「飛騨神岡・二十五山の子負虫」『東海文学』第五一号、一九七三

［10］江夏美好「飛騨神岡・二十五山の子負虫」『東海文学』第五一号、一九七三

［11］江夏美好「飛騨神岡・二十五山の子負虫」『東海文学』第五一号、一九七三

［12］一九四四（昭和一九）年一月一〇日付け『北日本新聞』

[13] 一九四四（昭和一九）年一月一一日付け『北日本新聞』
[14] 神岡町教育委員会『飛騨の神岡』一九八八
[15] 飛騨市教育委員会『神岡町史　通史編一』二〇〇九
[16] イタイイタイ病対策協議会『イタイイタイ―神通川流域住民のたたかい―』一九七四
[17] 大島渚「憎き〝カドミ〟が骨を喰う」『潮』一九七一年一二月号、潮出版社
[18] 大島渚「憎き〝カドミ〟が骨を喰う」『潮』一九七一年一二月号、潮出版社
[19] 本間慎「神通川流域におけるカドミウムの地域特性の問題点三」私家版、一九八二
[20] 江添久明『イ病運動四〇余年』私家版、一九七三
[21] 一九四二（昭和一七）年七月二三日付け『北日本新聞』
[22] イタイイタイ病訴訟弁護団編『イタイイタイ病裁判　第四巻　判決資料』総合図書、一九七三
[23] 一九七一（昭和四六）年一月六日付け『朝日新聞』岐阜版
[24] 吉田文和「戦時下の鉱山公害問題」『経済論叢』第一一九巻第三号、京都大学経済学会、一九七七
[25] 一九四三（昭和一八）年七月一〇日付け『北日本新聞』
[26] 一九四三（昭和一八）年七月一〇日付け『北日本新聞』
[27] 一九四三（昭和一八）年七月二三日付け『北日本新聞』
[28] 一九四三（昭和一八）年一二月一七日付け『北日本新聞』
[29] 一九四四（昭和一九）年二月六日付け『北日本新聞』
[30] 一九四四（昭和一九）年二月六日付け『北日本新聞』
[31] 倉知三夫・利根川治夫・畑明郎編『三井資本とイタイイタイ病』大月書店、一九七九
[32] 細入村史編纂委員会『細入村史　通史編（上巻）』細入村、一九八七
[33] 倉知三夫・利根川治夫・畑明郎編『三井資本とイタイイタイ病』大月書店、一九七九

参照文献

1、小林英夫『帝国日本と総力戦体制』有志舎、二〇〇四
2、三井金属鉱業株式会社修史委員会『続神岡鉱山史草稿　その四』一九七八
3、利根川治夫「一五年戦争下における鉱山公害問題」『国民生活研究』第一七巻第四号、一九七八
4、梁泰昊編『朝鮮人強制連行論文集成』明石書店、一九九三
5、金賛汀編著『証言　朝鮮人強制連行』新人物往来社、一九七五
6、竹内康人『調査・朝鮮人強制労働二』財閥・鉱山編、社会評論社、二〇一四
7、アメリカ合衆国戦略爆撃調査団・正木千冬訳『日本戦争経済の崩壊』日本評論社、一九五〇
8、松波淳一『私説　イタイイタイ病の社会経済学―イタイイタイ病と水俣病を比較して―』私家版、二〇一〇
9、神岡町教育委員会『飛騨の神岡』一九八八
10、飛騨市教育委員会『神岡町史　通史編二』二〇〇九
11、三井金属鉱業株式会社修史委員会事務局『神岡鉱山写真史』三井金属鉱業株式会社、一九七五
12、J・B・コーヘン著、大内兵衛訳『戦時戦後の日本経済』下、岩波書店、一九五一
13、山内昌之・細谷雄一編『日本近現代史講義』中央公論新社、二〇一九
14、向井嘉之『イタイイタイ病との闘い　原告　小松みよ』能登印刷出版部、二〇一八
15、畑明郎・向井嘉之『イタイイタイ病とフクシマ』梧桐書院、二〇一四
16、神通川左岸合口用水組合編『神通川合口用水誌』神通川左岸合口用水組合、一九六七
17、神通川沿岸用水歴史冊子編纂委員会編『水碧く大地豊かに神通川沿岸用水』、神通川沿岸用水歴史冊子編纂委員会編、二〇一一
18、婦中町史編纂委員会『婦中町史　上』婦中町、一九六七

19、婦中町史編纂委員会『婦中町史　下』婦中町、一九六八
20、イタイイタイ病弁護団編『イタイイタイ病裁判』第三巻、総合図書、一九七一
21、向井嘉之・森岡斗志尚『公害ジャーナリズムの原点　イタイイタイ病報道史』桂書房、二〇一一

第五章

戦後復興、人間被害 明らかに

――朝鮮戦争・ベトナム戦争とイタイイタイ病

敗戦直後の虚脱と混乱

戦争が終わった。一九四五（昭和二〇）年八月一五日正午、天皇陛下の「玉音放送」によって戦争の終結が全国民に知らされた。祖国の必勝を信じていた神岡鉱山・亜鉛電解工場の八月一六日の日誌には「全員の士気沈滞はなはだし」[1]と書き込まれた。

終戦のその日まで国家の至上命令で乱掘や無理を重ねた操業を続けてきたのである。

当時、神岡には鹿間と栃洞の二ヵ所に俘虜収容所があり、約一〇〇〇人の俘虜が収容されていた。その様子を伝える貴重な記録がある。

終戦から送還されるまでの二三日間の俘虜の動向は、この地の住民に、山深い飛騨のどこよりも早く、どこよりもなまなましく、敗戦という事実を疑いもなく目の前で教えてくれた。

敗戦とともに主客は転倒し、収容所の衛兵には俘虜がとって代わり、「日の丸」の代わりに各国旗がへんぽんとひるがえった。俘虜は自由に戸外を歩き回り、日本人は小さくなって夜は早々に就寝した。（中略）収容所の屋根いっぱいに、米軍の要請で「P・O・W」（Prisoner of Warの略）の文字がペンキで書き込まれ、数日後にはそれを目標に、米機動部隊グラマン艦載機が飛来した。編隊は、峡谷すれすれに舞い降りて、みごとな旋回を繰り返しながら収容所の真上で翼を振り、解放された俘虜の歓声にこたえていた。[2]

九月六日、俘虜たちの帰国が始まった。ロコ（神岡軌道）に乗り、帰還兵士たちは、用意された高山線の臨時列車で猪谷駅から岐阜方面に向かって帰国の途に着いた。『細入村史』からその様子を垣間見ることができる。

帰還するために猪谷に下車した兵士たちは、さっぱりした服装で、チューインガムをかみ、チョコレートを口にして、しばらくの間、猪谷の村を散策した。この、行きと帰りの彼らの姿の雲泥（うんでい）の違いに、村人は敗戦の重みをひしひしと感じたのであった。

この日、村の女性たちは危険なめにあってはならないということで外出を控え、人々は緊張のおももちで兵士たちを遠くから眺めていたという。

兵士たちは、国鉄猪谷駅のプラットフォームで、楽器をうちならし、ダンスを始めた。どうみても手製の粗末な楽器であったが、その喜びあふれる姿から、自分たちの将来の暗雲を感じとった村人も多かったことであろう。[3]

敗戦による混乱、そして虚脱は全国民を覆っていた。太平洋戦争中は国の要請に応じて、乱掘を繰り返しながら増産を強行してきた神岡鉱山では、敗戦によって無理な操業をひとまずストップし、一九四六（昭和二一）年、総生産量を一〇〇万キロから一日、三分の一の三〇万キロに落とした。[4]

敗戦による鉱山経営者のショックは大きかったが、労働者側はむしろ戦中の抑えつけられた労務政策からの解放を旗印に、神岡鉱山復興をかけて労働組合を結成した。一九四六（昭和二一）年二月一日、組合員数四四二〇人からなる神岡鉱山労働組合は、戦争で荒廃した鉱山・製錬所を守るために起ちあがった。

財閥解体へ

一方、ＧＨＱ（連合国軍総司令部）は、日本の非軍事化と民主化を目的とする占領政策の実施に着手し、日本の軍国主義と封建主義の象徴とみていた財閥解体に乗り出した。

日本の敗戦から三ヵ月も経たない一九四五（昭和二〇）年一一月六日に三井・三菱・住友・安田の四大財閥を解体する覚書を発表した。

そして、一九四六（昭和二一）年、ＧＨＱは、三井本社、三菱本社、住友本社など五社を持株会社に指定したのをはじめ、八三社の持株会社指定を行い、持株を持株会社整理委員会に提出させ、中でも財閥本社は、必要手続き完了後、解散させられた。さらに一九四七（昭和二二）年三月には、三井など一〇の財閥の主人公であった財閥家族には資産凍結と持株の持株会社整理委員会への提出が命じられ、一九四八（昭和二三）年の財閥同族支配力排除法の公布により、財閥の支配体制は解体された。[5]

ここに持株会社整理委員会の常務委員であった市川通之による「財閥解体」の一文があるので紹介しておきたい。

> 財閥解体は終戦後わが国経済に与えられた大きな課題の一つとして、それは農地改革制度や労働立法とともに、いわゆる経済民主化政策の一環として当委員会の手に依って実施せられた。
>
> 財閥解体は与えられた課題ではあった。しかしそれは「与えられた課題」という意義だけに止

まるものではない。もしこの課題が与えられなかったとしたら、かりに太平洋戦争がなかったとしたら財閥は如何になっていたであろうか。

　周知の如く資本主義経済は当初、自由競争を基本として出発したが、「競争が競争を殺す」の喩(たと)えの如く競争には成敗がつきまとうのを常とする。そこには勝者は小企業より大企業へ、大企業より独占企業へと進む必然の道が横たわっていたのである。かくて独占段階に達するに伴って生

四大財閥の解體に
清算機關を設立
一切の證券、支配權を吸收
最高司令部指令

財閥解体問題については、先月中旬以来政府と聯合国最高司令部との間に検討が進められてゐたが、四大財閥の自発的解体を骨子とする十一月四日附のわが大蔵省案を聯合国側が原則的に承認、これを即時実施するやう六日同司令部より指令が発せられた、大蔵省の原案によれば
（一）三井本社、三菱本社、住友本社、安田保善社の自発的解体のため特殊の清算機関を設立、財閥本社所有にかゝる一切の証券をはじめ、他会社、他企業に対する所有権、支配権を移譲する一切のものをこの清算機関に移譲する
（二）財閥本社はかくして直接にも間接にも支配権、命令権を喪失するにいたる
（三）財閥本社の役員は、右清算機関へ証券等を移譲したのち辞職する
（四）財閥家族は一切の企業より直ちに辞職し、今後は直接にも間接にも経営に対する発言権を封ぜられる
といふ諸点を中心とするもので、新設さるべき清算機関は
（一）財閥より移譲された財産の処分
（二）移譲をうけた財閥財産に対し受取証券を発行する
（三）株主権の行使
（四）小株主の利益保護
その他
を任務とし、受取証券に対しては移譲財産の最終処分ののち、期限十年を下らざる日本政府公債を交付し、この受取証券、交付公債ともに売買譲渡、あるひはこれを担保とすることも禁止されることになつてゐた、また大蔵省原案は、財閥財産の処分にあたつては財閥従業員に優先権を与へること、処分財産が出来るかぎり広汎に分配されるやう一人の購買額に制限を設けること、清算機関の理事、監事、会合などは随時司令部の監督、または参加のため開放され役員の任命も司令部の許可を得て行ふことを規定してゐた、かくして財閥本社は清算機関へ証券その他の支配権を移譲した直後、解散手続を開始することになつてゐるのであるが、司令部では、右の原案を原則的に承認するとともに
（一）政府が直ちにその実行に着手すべきこと
（二）清算機関に移譲された財産は最高司令官の事前の許可なくしては処分せざること
（三）財閥解体の手続提案を司令部に提出すること
（四）司令部は本案の履行を監督し、あるひはその遂行を監督する上において完全なる自由を保留すること
を明らかにした、司令部はまた政府に対し、十五日以内に財閥家族所有の動産、不動産一切に関する報告、ならびに一九四五年初め以来に於ける動産、不動産一切に関する取引につき報告を提出することを命令、また財閥本社および家族の所有にかゝる一切の財産につき、これを売却、譲渡その他の処分をなすことを禁止するため必要な措置を講ずることを命令した、マックアーサー元帥は右命令を出すにあたり
日本国民はこゝに初めて経済的自由への道がひらかれることになつた
と語つたが、この命令の目的は所得ならびに生産、交易の手段を出来るかぎり広汎なる層に分配し、あはせて、平和的、民主主義的諸勢力の発展に寄与することゝ経済を助長するにある旨が明かにされ、財閥解体も要するにこの線に沿ふ政策にほかならず、従つて財閥四本社の解体は単にその序曲にすぎぬ点が指摘されてゐる

他財閥も同様措置
ク大佐談　利得関係は別個

聯合軍経済科学局長クレーマー大佐は六日午後五時放送会館において内外記者団と会見、財閥解体の指令につき要旨左の如き説明を行つた
日本の財閥の組織は国際的に類例のないピラミッド型の独占組織であり、何等関係を有しない各種商工業部門がすべて財閥家族の手中に掌握されて日本の戦争政策を援助して来た、今回の措置は経済民主化のための第一歩であり引続き四大財閥以外の財閥に対しても措置がとられるだらう、今回の指令はその影響するところが甚大であるので日本政府の意向も酌入れ解体が絶対命令である点を強調、自発的解体措置を採らしめた
なほ、クレーマー大佐は引続き記者団よりの質問に対し、この措置と戦争責任の究明の問題とは別個の問題である、又戦時利得に関する措置も当然これと切離して考慮さるべきものと答へる、また日本の国際カルテルに対する参加を禁止した理由はこれが国際的民主主義の発展を阻害し、また由来国際的独占は技術の向上、発明など進歩を妨げるものであるからであると答へた

1945（昭和20）年11月7日付け『朝日新聞』

じた弊害は改めてその母体たる資本主義経済の身中深く蝕む病菌として放置しがたくなったのである。

わが国の財閥も右の傾向の例外ではない。財閥は第一次世界大戦後、急激にその支配的勢力を拡げ、縦に横に強靭な結合体を形成して、その独占形態は非常に高度なものになるに至っていた。たとえ敗戦に遭遇せずとも、たとえ外部よりの指令を受けずとも、なんらかの手術に依ってその独占の弊(へい)を除く段階に到達していたのである[6]。

一九五〇（昭和二五）年五月、ＧＨＱの勧告により、三井鉱山株式会社は、石炭部門と金属部門に分離、金属部門は「神岡鉱業株式会社」と社名変更した。

明治の近代化が始まってから太平洋戦争までのおよそ八〇年間、軍需生産で利益を築いてきた財閥は一応、この時点で解体となった。岡倉古志郎は戦争で肥え太った財閥を揶揄(やゆ)し、二人のアメリカ人の言葉を紹介している。

一人は当時、新聞記者をしていたマーク・ゲインの言葉で「財閥は、軍部同様、心から侵略を愛していた。……財閥は、いつどんな場合でも、侵略における軍部の親友以外の何ものでもなかった[7]」。もう一人のアメリカ人は、本書「はじめに」で紹介した、戦後賠償使節団長として来日したエドウィン・ポーレーである。ポーレーは前述したように「財閥は軍国主義者と同様、日本の軍国主義の責任者であるのみでなく、軍国主義によって非常な利益を収めた。財閥が解体されなければ、日本人は自由人として、自ら主人になる見込みはほとんどない。財閥が存続するかぎり、日本は『財閥の日本』であろう[8]」との言葉を残した。実は岡倉がこれらの言葉を掲載した『財閥 かくて戦争は、また作られるか』を刊行したのは、ちょうどイタイイタイ病の存在が社会的に初めて明らかになった一九五五(昭和三〇)年である。筆者としては、三井という日本を代表する財閥によって経営された神岡鉱山が、恐るべきイタイイタイ病を生み出したことを忘れてはならないと思う。

朝鮮戦争勃発

三井鉱山株式会社の金属部門が神岡鉱業として歩み始めた頃、朝鮮半島では、太平洋戦争が終わったばかりというのに、朝鮮戦争が勃発した。これは、一九四八(昭和二三)年に成立したばかりの朝鮮民族の分断国家である大韓民国(南朝鮮、韓国)と朝鮮民主主義人民共和国(北朝鮮)の間で生じた朝鮮半島の主権を巡る国際紛争で、朝鮮半島全土を戦場とした三年間にわたる戦争であった。

一九五〇(昭和二五)年六月に北朝鮮が事実上の国境線となっていた三八度線を越えて韓国に入り朝鮮戦争が始まった。その影響から非鉄金属の価格は異常に高騰した。鉛一トンあたり八万八一〇円が二四万円に、亜鉛は一トンあたり五万八〇三〇円が二五万円となった[9]。鉛は三倍、亜鉛にいたっては五倍くらいの高騰である。

神岡鉱山は一九五三(昭和二八)年まで続いた朝鮮戦争の特需で、再び息を吹き返した。ちょうどこの頃である。一九五〇(昭和二五)年六月、明治から続いた船津町、阿曽布村、袖川村の一町二村が戦後の地方自治の拡大で神岡町として新しいスタートを切った。

この神岡町が産声をあげる寸前、神岡鉱山にも新しい波が押し寄せた。それまで神岡鉱業所は三井

北鮮、韓國に宣戦布告

京城に危機迫る

38度線総攻撃 侵入軍臨津江突破

【京城特電二十五日発＝ロイター特約】二十五日午前四時ごろ南北鮮境界線である三十八度線にそつた甕津、開城付近と東部海岸地区などで北鮮軍と韓国軍との間に戦闘が開始された、これに関して韓国政府は同日北鮮との間に全面的内戦が発生したと公表したが、同日朝の北鮮側平壌放送は韓国側にたいして正式に宣戦を布告したと傳えている

東海岸からも上陸

臨津江西方全域失う

開城・甕津陥落

金浦飛行場を爆撃

勝敗の分岐 十二時間内

動乱の現地の様相 国際電話に聞く（京城・本社）

戦車十台を撃破 韓國側は必勝を信ず

責任はソ連側に

ダレス顧問 マ元帥会見

38度線視察のダレス氏

1950（昭和25）年6月26日付け『朝日新聞』

鉱山に属していたが、財閥解体により、三井鉱山は石炭と非鉄金属の両部門に分離され、非鉄部門は親会社から離れ、神岡鉱業株式会社として第一歩を踏み出した。

南北朝鮮では多数の死傷者が出たほか、離散家族も相次いでいたが、新生・神岡鉱業は、朝鮮動乱を機に一気に好況に恵まれた。

当時の神岡町の様子を地元のローカル紙『神岡ニュース』は次のように書く。

> 朝鮮動乱を機に一躍儲かる会社に浮上してきた神岡鉱業は、それまでの心配はたちどころに霧散してしまい、たとえば東町末広の北端にあった河原に船津の人が目を丸くして驚くような神岡会館を大成建設に発注するほか、おもしろいようにころがり込んでくる亜鉛・鉛の売上金により、所内や社宅街の拡充整備に乗り出した。
>
> 巨大な神岡会館正面にとりつけた真紅の緞帳（どんちょう）真正面に金モールでKの字を配したマークを縫いつけるなど、特需景気によって神岡鉱業株式会社はつい先日までの杞憂（きゆう）は消しとび、上々のすべりだしをした

神岡ニュース社（飛騨市神岡町）　2019（令和元）年10月　筆者撮影

のである。[10]

当時を知る「神岡ニュース社」社長・米澤勇に話を聞くと、「町には一〇〇人を超える芸妓さんがいたが、町議会議員をはじめ、昼間から飲み歩く人もいて町全体が浮かれていた」という。

この間、神通川は有毒な廃液・廃滓（はいさい）で汚染され続けた。戦前からの農業鉱害の問題は戦後になっても流域各市町村の農民にとっては死活問題だったが、敗戦直後の一九四五（昭和二〇）年一〇月に豪雨のため、鹿間谷堆積場が決壊、四〇万立方メートルの鉱滓が流出したことなどもあり、その後、一九四八（昭和二三）年頃から神岡鉱山糾弾の声が再び上がり始めた。[11]

一九四八（昭和二三）年六月、当時の婦負郡宮川村長・清水徳義の呼びかけにより、神通川流域の七ヵ町村による「神通川鉱毒対策委員会」が結成され、神岡鉱山への抗議運動が始まった。対策委員会はその後、被害水田面積二五〇〇町歩（約二五〇〇ヘクタール）を含む農民の組織に発展、一九五〇（昭和二五）年、三井財閥の神岡鉱山は初めて、一〇万円の調査費を出し、翌一九五一（昭和二六）年に三〇万円の調査費を計上した。これらの調査費を基に対策委員会では富山県当局との交渉・斡旋を経て、一九五二（昭和二七）年以後、年間、二六〇万円から三〇〇万円の「見舞金と生産奨励金」を神岡鉱山から出させることになった。[12]

ただ、これらの「見舞金と生産奨励金」は名ばかりで、補償費というより、逆にその性格は増産協力費であった。

一九五一（昭和二六）年の新聞には相変わらず神通川にアユが浮かぶ記事があるが、「流域の住民はこれらのアユをバケツで拾い、アユの争奪戦を演じている」[13]と書いている。また、一九五二（昭和二七）年の記事では、「神岡鉱業所側は、調査の結果、鉱毒による被害程度は全くとるに足らない微細なものであるとし、流域農漁民の要求額を引き下げることにした」[14]との記事も散見できる。

神通アユ全滅か
神岡鉱山の毒水が原因？

十七日早朝から十八日午後にかけて神通川上流の上新、岩木堰堤附近から富山大橋までの間に白い腹を見せて数万とみられるアユが浮んで流れてくるため、沿岸住民はバケツで一杯、二杯と拾うなどのアユの争奪戦を演じているが、一部では神通川のアユが全滅したのではないかと心配している向きもある。この原因について富山漁業会と神岡鉱山側の調査員が調査中であるが、岩木地内の人人は水が少ないため鉱毒の反応が大きかつたのではないかといつている。

1951（昭和26）年8月19日付け『北日本新聞』

鉱毒問題に微妙な動き
神岡鉱山 補償料引下げ決定
調査で被害僅少と主張

（高山支局）毎年神通川沿岸七ヵ町村農漁民と、神岡鉱業所間のけい争の種となつている鉱毒被害補償金問題に関し、このほど農民側代表から鉱業所あてに二十七年度分として七百九十万円の補償要求が提出されたが、鉱業所側では、昨年一ヵ年間、行つた被害現地土壌調査の結果鉱毒による被害程度は全くとるに足らない微細なものであるとの結論を得たので、本年は右要求額を徹底的に切り下げることに方針を決定、近く富山県庁内で開かれる鉱毒対策委員会には前記調査にもとづく科学的論拠をひつさげ、かなり強硬な態度で臨むものと解される。

鉱山から流れる鉱滓が神通川沿岸田畑の土壌を変質させ、このため農作物は非常な減収を招くのみならず、漁族の繁殖にも多大の悪影響をもたらすというので戦前から沿岸農漁民と鉱山との間に意見れ対立、戦時中は一時下火となつていたが、終戦後再びこの問題が表面化するに至つたので、昭和二十四年その調停機関として富山県農林部長、関係県議、地方事務所長、農事試験場長、関係農漁民および鉱山側代表を構成員とする鉱毒対策委員会を設置、問題処理に当つた。以来農漁民側の要求に応じて毎年鉱山側より補償金を支払い、二十六年度は三百五十万円の要求に対し三百万円（百四十万円は被害七ヵ町村一律に、百四十万円は被害面積に応じそれぞれ分配、残り二十万円は運営費に当てた）を支払つた。然し鉱山としてはおなじ補償金を支払うのなら実際の被害程度を厳密に調査し、それに応じた額を決定すべきであるとの建前をとり、昨年一ヵ年間、専門家多数を招き、ポット試験その他の精密な科学的調査を実施したところ、鉱滓の農地ひいては農作物に与える被害は極めて僅少、大部分が冷水使用ならびに焼岳その他より流れて来る土砂の作用によつて減収を来すもので、前年度のように三百万円も支払わねばならぬ理論的基礎は全然なく、したがつて今後鉱毒被害問題に関しては根本的に考え方を変えなければならぬという事がわかつたものである。右のような鉱山側の強硬意見にたいし七百九十万円もの要求を出した農民側がどう態度をきめるかは大いに注目されている。

1952（昭和27）年3月10日付け『北日本新聞』

証言　大変な病気への予感

この頃である。婦中町の神通川流域のあちこちで起きていた悲劇を目撃した、当時保健婦としてこの付近を担当していた堀つやの証言がある。

私は昭和二七年八月、富山県婦負郡熊野村（引用者注：現・富山市婦中町）に招かれ保健婦として勤務した。当時、家庭訪問して驚いたことは、今まで富山の病院で見たこともない患者が同じ集落に多数病床にいることであった。しかも重症軽症の差はあるが自覚症、症状はほとんど同一であり、なんと不思議な病気かと思った。患者は訪問のたびに、「保健婦さん何か良い薬があったら知らせてください」と手を合わせて懇願する有様を見るたびに、何とか救う方法はないものかと考えた。

家庭訪問を続けていたなかに、神通川の堤防の下に添島（そえじま）という集落がある。そこには多数の重症患者がいた。その中のMさん（五七）という主婦の症例について述べてみよう。

私は一見してこの人は生きた人間かと驚いた。体は萎縮して小さくなり、両足はあひるのようにくにゃくにゃに曲り、肋骨ばかりが見えて、両手はまったく動かすことはできず、患者はそのとき

堀つやさん
出所：「富山のイタイイタイ病をみる」
『ナース』1968年3月1日号、山崎書店

悲しげに、「顔に蠅がとまっても追い払うこともできません」と語った。のちにX線検査で判明したが、何と全身七二ヵ所の骨折があったとのことである。[15]

堀つやの証言はさらに痛々しい。このMさんは首に笛をつるし枕元の上には鏡が置いてあった。笛は何か用事を思いついた時、表を通る人に笛で合図して呼びつけ用事をすませてもらうためのもので、これは手が動かせる間しか使用できなかった。鏡の方は、身動きができないものだから、表に人が来ても誰が来たのかわからない。そのために、首を動かすことなく、鏡に眼を移せば、鏡の中に玄関の人の姿が映るというしかけになっていた。

こうした様子を見た堀には、これは大変な病気ではないかとの予感があった。堀は一九五四（昭和二九）年六月一〇日、保健婦の研究発表大会で熊野村における婦人の神経痛の原因について発表した。

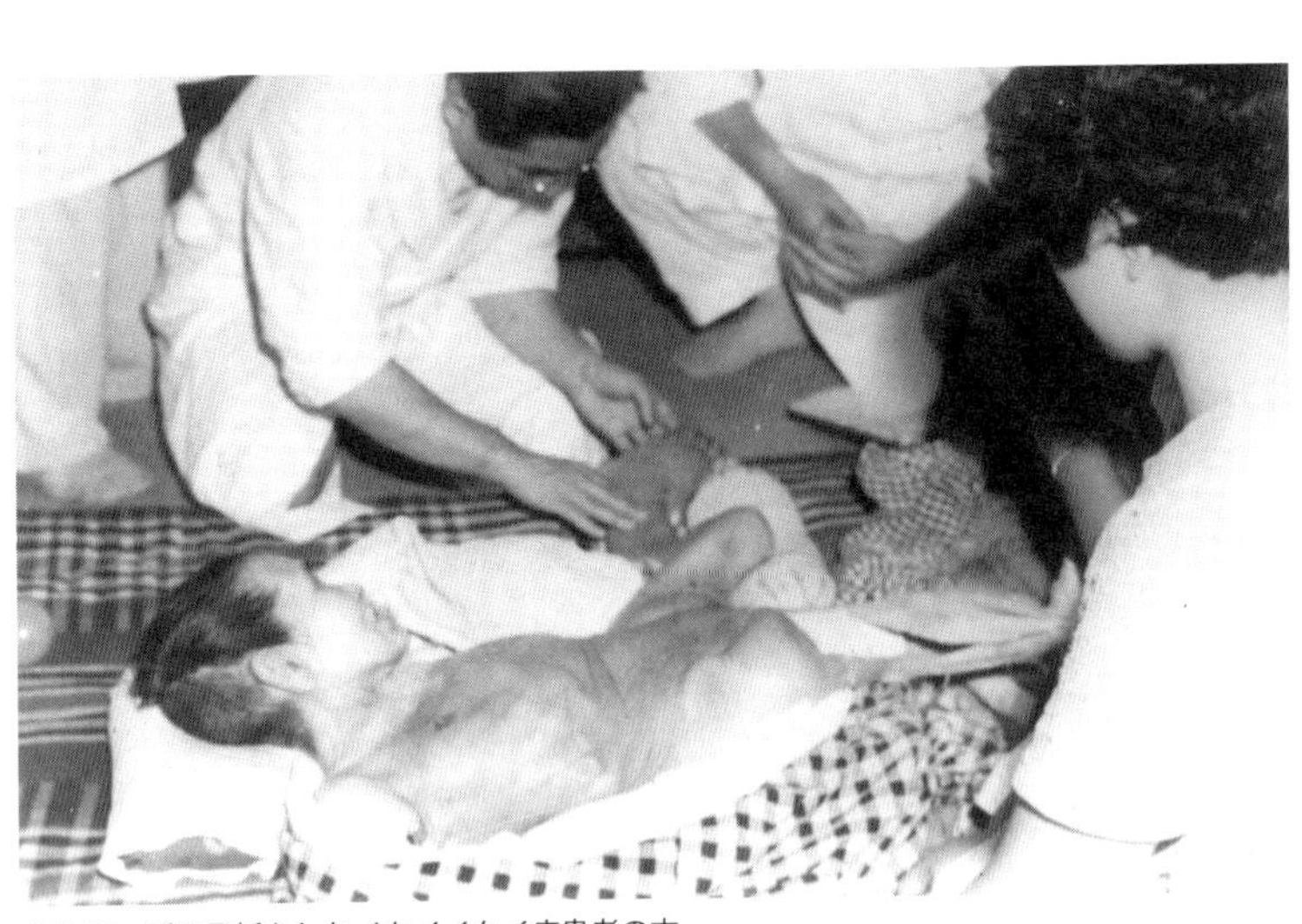

全身72ヵ所の骨折をしたイタイイタイ病患者の方
1950（昭和25）年撮影　富山県立イタイイタイ病資料館提供

「熊野村には重症で病床にある者は現在一三名、うち、四名は杖または這うなり、壁によりかかってかろうじて便を達するくらいであり、残りの九名は起居動作ほとんど不能な状態であります」[16]。この発表で堀は「婦人の神経痛の原因」として、イタイイタイ病につながる重要な指摘を行っている。それは次の七点である。

一、この病気は男より女の方が多いこと。
二、神通川に近い集落に多いこと。
三、耕作田地が多く、労働時間が長く、みな加重（ママ）労働なること。
四、概して出産回数が多いこと。
五、産後の休養が短いこと。
六、患者の半数の家庭には姑が同病で病床にあること。
七、野外作業中、携行飲料水の欠乏により川水を飲むこと。[17]

いずれの指摘も当時の保健婦の記録としては的確な調査報告であり、堀は到底、この事実を黙認できなかったのであろう、容

婦中町萩島地内を流れていた生活用水
1969（昭和44）年　林春希撮影　富山県立イタイイタイ病資料館提供

易ならざるこの病気について富山県当局や熊野村長にも直接報告したと証言している。「二八年（引用者注：昭和二八年）に、県の医務課長に、この奇病のことを報告したのだけど、実にそっけなくあしらわれた。その前年に熊野村（当時）の村長に話した時も『ああ、それ、神岡の鉱毒じゃないかな』といわれたっきり。数年後、婦中町長に話した時も『鉱毒だよ』とはいうものの、自分では動こうとしなかった。『けれど証拠はないし、相手が三井だからね』ということを耳にしたことがある」[18]。

これも驚くべき証言である。この時点ですでに行政当局は、奇病とされる患者発生の事実を承知しており、三井の鉱毒について言及しているのである。それでも行政は動かない。

国家と財閥という権力が見え隠れする時、地方の自治体も動こうとはしなかった。これが明治以来の公害への行政姿勢であり、ここに公害に対する政治、行政の本質がある。

実は後にイタイイタイ病裁判で原告の筆頭となった小松みよも一九五二（昭和二七）年に発病、第四章で紹介した江添家の江添チヨ（イタイイタイ病裁判第一次原告）も一九五一（昭和二六）年頃に発病している。これらの患者を日常的に診察したのが、地元の医師・萩野昇であった。

萩野病院は神通川左岸の熊野村（当時）萩島で明治の頃から開業医として知られ、戦後は四代目にあたる萩野昇が診療にあたっていた。萩野は戦時中軍医として戦地に赴いていたが、一九四六（昭和二一）年に復員、父・萩野茂次郎の後を継いだ。萩野は病院を継いだ当時を次のように話している。

復員の翌日から、私は診察衣をつけて、父の使っていた診察室に入った。診療をはじめてみて驚いた。外来患者の七割ないし八割までが神経痛様の患者なのである。（中略）私は一人の患者と対面した。六〇歳を過ぎた婦人で何ヵ月も寝たままである。顔は特有の黒ずんだ色、全身の皮膚も、何かしら一種独特の黒びかりを帯びている。目は全身的な衰弱のわりに輝きがある。歯はほとんど落ちて総入れ歯であるが、これも衰弱のためにかみ合わなくなって、はずれて口をモガモガと動かしているだけである。胸部打聴診では特に認められる所見はない。脈をとろうとして腕を持つと、持ったところでポキリと折れた。あわてて手を離してみると、今まで澄んでいた瞳に苦痛の様子がほとばしっている。「先生、痛い！痛い！」と叫び出す。どうしようもない。[19]

萩野のイタイイタイ病との苦闘の始まりであった。しかし、熊野村をはじめとする神通川流域では、前述のように、鉱毒への疑問、不信を投げかけながらも社会的には全く原因追求もされず、奇病・風土病さらには業病の名のもとにひたすら放置されていたのである。

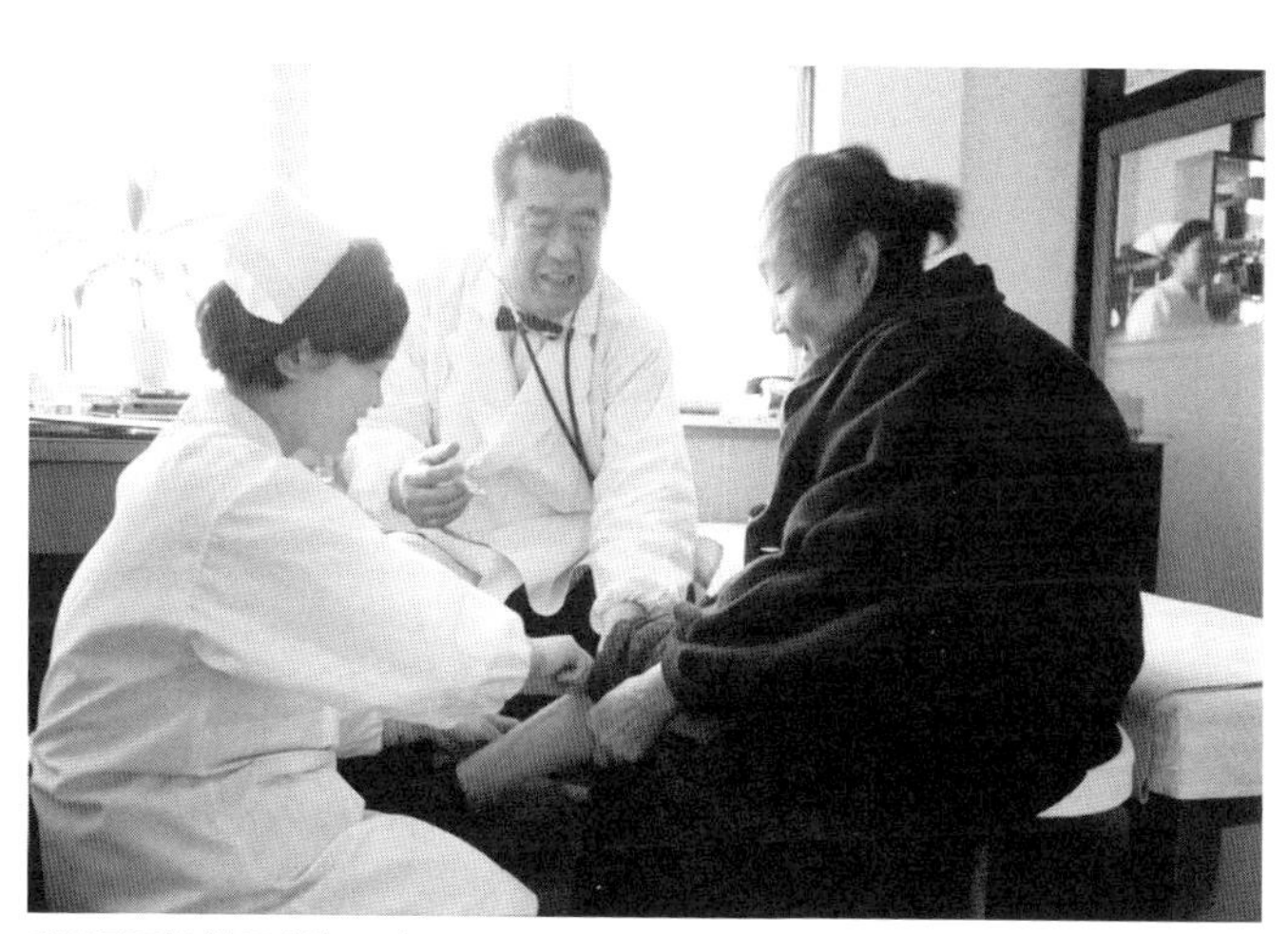

萩野昇医師（萩野病院にて）　　林春希撮影　富山県立イタイイタイ病資料館提供

それは「イタイイタイ病」と呼ばれた

地域に閉じ込められたままだった多くの患者の存在が社会的に初めて明らかにされたのは、戦後一〇年になる一九五五（昭和三〇）年である。

一九五五（昭和三〇）年八月四日の『富山新聞』に「婦中町熊野地区の奇病『いたい、いたい』にメス」の記事が掲載された。この記事は日頃から取材を通じて萩野昇医師と親しくしていた『富山新聞』の記者・八田清信（はったせいしん）が、悲惨な病気の存在を聞き、萩野の診察に同行し書いたものである。

> 婦中町萩島・添島・蔵島（ぞうしま）の三地区（旧熊野村）に大正一二・三年ごろから「イタイ、イタイ病」といわれる病気にかかるものが多く、すでに一〇〇人余りが死亡、現在は重症者四二人、初期とみられるものが六三人おり、どうしてもなおらぬころから「業病」とあきらめている人さえいる。この病気は最初は神経痛のように体の一部分にはげしい痛みをおぼえ二年、三年たつと骨と筋肉が委縮（ママ）して、そのあげく骨がもろくなり、わずかの力が加わってもポキリと折れてしまうこともある。しかも骨と筋肉がキリキリと痛むため患者はその苦しみにたえられず『いたい、いたい』と叫ぶところから「イタイイタイ病」といわれているもの。[20]

「イタイイタイ病」という病名はこの最初の新聞記事がきっかけである。イタイイタイ病の最初の患者発生期と推定される一九一一（明治四四）年から四五年も経過して初めてその存在が報じられたのである。

婦中町熊野地区の奇病
「いたい、いたい」病にメス

骨と筋肉が痛み縮む

被病者百人余　大部分は三十一、二歳の女

近く細屋博士らが現地調査

これまで医学界に報告されていない奇病が婦中町熊野地帯に多数発生しているので日本医学界の権威たちが十二日ごろ大挙来県、正体究明のメスを入れることになった。

婦中町萩島、添島、蔵島の三地区（旧熊野村）は大正十二、三年ごろから「イタイ、イタイ病」といわれる病気にかゝる者が多く、すでに百人余りが死亡、現在は重症者四十二人、初期とみられるもの六十三人がこの奇病に悩まされており、どうしてもなおらぬところから「業病」とあきらめてさえいた。

この病気は最初は神経痛のように体の一部分にはげしい痛みをおぼえ二、三年たつと骨と筋肉が萎縮して、そのあげく骨がもろくなりわずかの力が加わってもポキリと折れてしまうこともある。しかも骨と筋肉がキリキリと痛むため患者はその苦しみにたえられず「いたい、いたい」と叫ぶところから「イタイイタイ病」といわれているもの。

最初の研究者　萩野博士

この病気を最初に研究したのは同地区唯一の病院である萩島病院長萩野昇博士で昭和二十一年、戦地から帰還後モルモット、ネズミ、ウサギなどの動物実験や、レントゲン全身透視など慎重な研究を続け、また数年前から金沢大学病理学室の協力を求めて各種試験を行っているが、依然として病源の正体は不明であり金大では萩野病とまでいっているほどである。そこで同博士の提唱により遠藤県衛生部長ものりだしてこの奇病に徹底的なメスをいれることになり浅野婦中町長らと協議の結果、多額の経費を投じ元東大病理学主任、現伝研細菌室主任細屋雄次博士やリウマチス研究の第一人者である元東大教授河野正治博士ほか十数名を迎えて十二日ごろから総合研究するという。

萩野博士の話　熊野地区の三部落に限られていること、患者が主として三十一、二歳の女で、男はわずか三名、しかも青少年期にはなく、また他町村から入籍した女はかゝらないなど注目すべき点が多い。学界不詳の口過性病原菌がいるのでないかと思うが、原子検微鏡や多角的科学調査で正体をつかめれば世界的報告になるだろう。

遠藤県衛生部長の話　萩野博士がこの奇病をながらく研究され、貴重な記録を作っておられるが口過性病原菌だとすると、多額の費用と時間がかゝるので斯界の権威に協力してもらって、一日も早く奇病を絶滅したい。浅野婦中町長も理解され積極的に後援されるのは有難い。調査団一行は十数氏、十二日ごろ来県二、三週間滞在の予定だ。

1955（昭和30）年8月4日付け『富山新聞』

この記事の掲載から一週間後、萩野病院では、東京から細菌学の権威やリウマチの権威らを招いて現地調査が行われた。

イタイイタイ病にとって初めての現地調査には二〇〇人が受診、会場はごった返した。地元紙『富山新聞』と『北日本新聞』の両紙を掲載したが、患者の中には、布団に寝たきりのまま運ばれたものや背負われてきたものなどで会場は時ならぬ殺到ぶりだった。

この日の現地調査では、イタイイタイ病の疑いのある患者九〇人が選び出されてレントゲンと血液、尿の精密検査が行われた。『サンデー毎日』は医師団・研究者らによる午後の往診の様子を次のように伝えている。

午後、一行は寝こんだまま動かすことのできない、萩島の松岡チヨさん(六五)を往診した。五〇過ぎに発病、三年前から寝たきりというチヨさんは昨年暮れから骨がポキポキ折れ、今では二〇数ヵ所の骨折、足などはほうぼうで寄木細工のように折れ曲がり、生きながらえているのが不思議な惨状――「地獄絵図だ!」思わず研究員の一人がつぶやいた。[21]

また、『週刊公論』の記者に、婦中町のある年老いた農民が語った言葉が衝撃的である。「アレにやられると、たいてい五年から七年で、あっちゃへ国がえしてしもうちゃ[22]」。

この言葉には解説が必要であるが、当時、この地域一帯では死ぬことを「国がえ」と言ったそうである。つまり、イタイイタイ病になると五年から七年で亡くなってしまうということをこう表現して

どっと二百名が受診

"イタイイタイ病"の総合調査始まる

婦中町熊野地帯の奇病「イタイイタイ病」についてそのナゾを解くためさる八日、わが国細菌学の権威東大名誉教授細谷省吾氏、リウマチの権威河野稔両博士が第一回調査をしたが、十二日午前九時からイタイイタイ病発生の中心地帯である婦中町萩ノ島の萩野病院で河野博士ほか河野臨床医学研究所吉田研究部長や同付属病院佐藤副院長の各医博や倉本研究所員（滑川出身）ほか五医員たちによって本格的な総合調査と診断が行われた。

写真　上河野博士に診察をうける女患者　下テントの下にワンサと押しかけたイタイイタイ病患者

この朝イタイイタイ病ではないかと心配したそれらしい症状をもつ患者達が二百名余も萩野病院に押しかけた。なかには午前四時から来ているものもあり、物すごい患者に驚いた婦中町当局では民生課員五名や四名の保健婦を総動員して大テントを張って屋外休憩所をつくって受付けに大わらわだった。診察は午後五時ごろ終ったが物すごい患者のために河野博士はじめ保健婦達はクタクタになっていた。結局これらの患者のうち真性のイタイイタイ病患者は初期、重症を含めて五十二名とわかったがこのうち男子はわずか三名でのこりは三十五歳から六十歳までの女ばかりであった。なお屋外に運ぶことのできない重症患者は熊野地帯にまだ六十余名いるとされている。イタイイタイ病患者については採血、レントゲン写真、十六ミリ生体撮影などが萩野病院長萩野昇医博や同医員の協力で大がかりに行われた。

為井さん死後の解剖申出る

なおさきに本紙で河野、細谷両博士が学界不詳のイタイイタイ病の正体をつかむためには生体資料として患者の血液や骨などが必要でありまた死後解剖をしないと完全な研究ができないということを発表したがこれを読んだ婦中町熊野の為井ちよさん（[illegible]）は「こんな病気は一日も早くなくして下さい。私はもう死人のようだから片腕でも片足でもよいから切って下さい。また死んだら解剖して下さい」と萩野院長に申出たが河野博士をはじめ一同を感激させた。

遺伝ではない

ホルモン障害も発見

河野博士発表

なお河野博士は午後二時から熊野地帯の重症患者数家庭を臨床して精密審査をしたが、午後五時イタイイタイ病の第一回所見をつぎのように発表した。

河野博士談　日本および世界にも報告されていない奇病だけに軽々しくいえない。沢山の資料を確保したから徹底的に研究する。幸い細菌学の権威である細谷博士から基礎検索面の指導をうけて細菌学的証明をうけ、学界に発表するつもりだ。病原菌が飲料水あるいは水田中にふくむ毒であるかわからない。ともかく遺伝でないこと、三十一、二歳からかゝって十数年の間にミイラのようになって死んでしまうことだけはわかった。レントゲン所見では患者の骨の全部が委縮してゆき体が動くたびに筋肉の骨の付着個所が不平均摩擦でひどい痛みが生じいわゆる痛い痛いと悲痛な声をあげるのである。リウマチや神経痛でない証拠には身長が一尺から一尺五寸も縮まり手足の骨が絶えずポキリポキリと折れていくためである。

1955（昭和30）年8月13日付け『富山新聞』

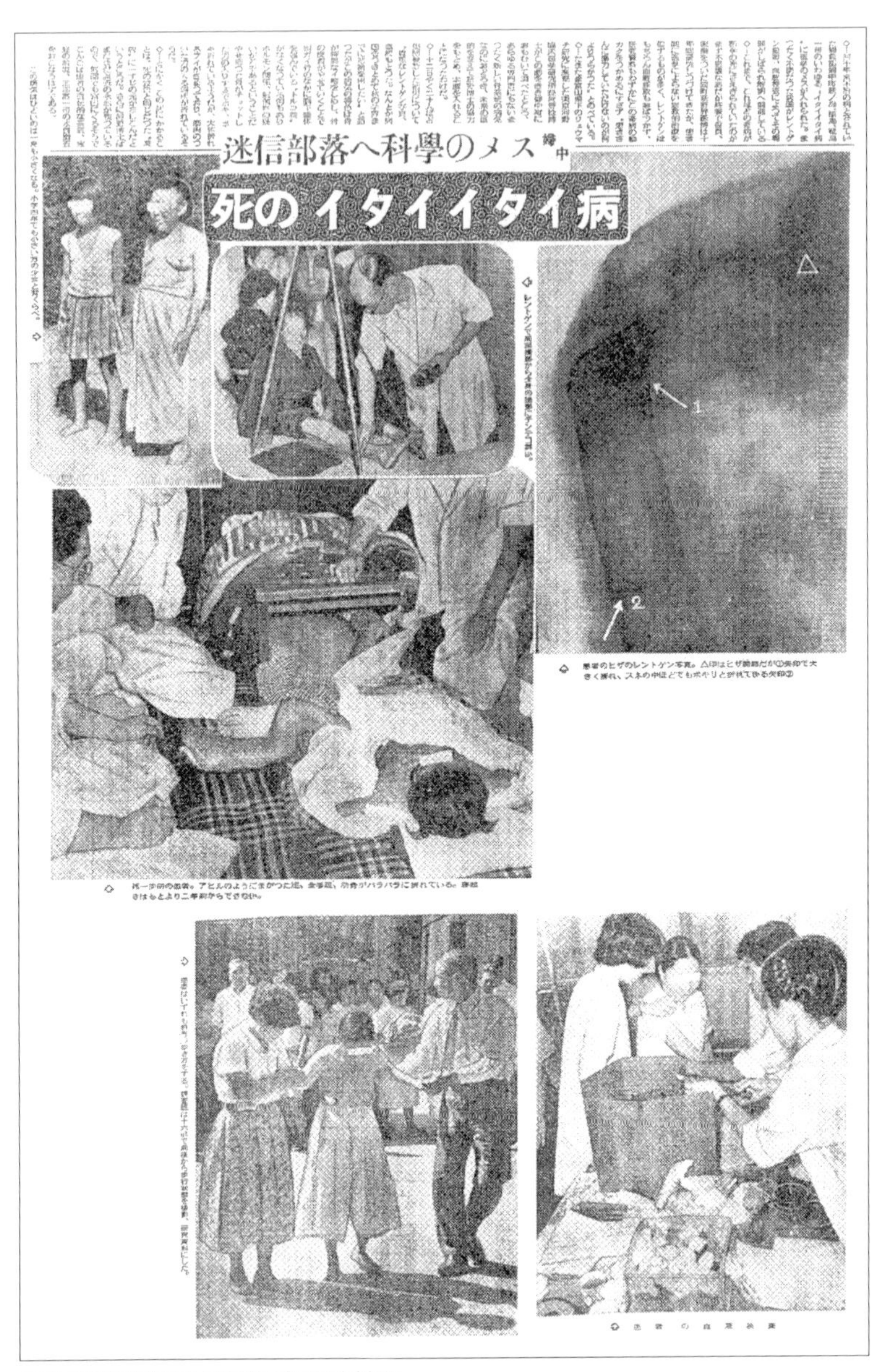

迷信部落へ科學のメス 中

死のイタイイタイ病

患者のヒザのレントゲン写真。△印はヒザ関節だが①矢印で大きく崩れ、スネの中ほどでもポキリと折れている矢印②

死一歩前の患者。アヒルのようにまがった足、全身、肋骨がバラバラに折れている。歩行はもとより二年前からできない。

1955（昭和30）年8月14日付け『北日本新聞』

いるのだ。この記者が当時、婦中町蔵島で取材したという記事をさらに続ける。

――アレで死んだ人の遺体を火葬にする。カマをあけると、骨が消えているのである。いや、実は、骨が骨の形で残っていないのだ。灰のなかに、小ジャリのようなツブツブが混じっているばかり。

「そいでは、ハシで拾って、ツボに入れられんがいね」。で、灰のますくって、フルイにかける。フルイの目をとおった灰は、風で吹きとばして。ザラメ状の骨粉だけを選ぶのである。

いくら丹念にやっても、骨の量は、ふつうの遺体の三分の一にしかならない。

軽いツボをだきあげると、底でサラサラと鳴った。「アレになっと、骨が腐ってしもうちゃ[23]」。

この記事を読むと、第三章に記述した母親・宮田コトの骨をひろった青山源吾の証言が想起される。まさしく人間の生きた証である骨までも喰ってしまうと恐れられたのがイタイイタイ病である。

行政もメディアも無視

イタイイタイ病は一九五五（昭和三〇）年に初めてその存在が知られるようになり、ジャーナリズムによって、全国にその悲惨さが伝えられるようになった。その時点で当然、患者救済や原因究明が行政・政治・医学あげて取り組まれるはずであった。ところがそうはならなかった。

筆者は二〇一一（平成二三）年、『イタイイタイ病報道史』執筆にあたり、イタイイタイ病関連の新聞記事七〇〇〇点を収集した。これらの記事のうち、一九五五（昭和三〇）年から一九七五（昭和五〇）年までの二〇年間の記事の推移をグラフ（図5―1）にし、二〇一四（平成二六）年発刊した『イタイイタイ病とフクシマ』で発表した。このグラフを再掲するが、一九六八（昭和四三）年に記事数が急増しているのは、イタイイタイ病訴訟が提起され、イタイイタイ病に関する厚生省見解が発表されたからである。

イタイイタイ病訴訟は一九七一（昭和四六）年に第一次訴訟判決、翌一九七二（昭和四七）年に控訴審判決が出され、原告の完全勝訴が確定した。この間、一九六八（昭和四三）年から一九七二（昭和四七）年まで、イタイイタイ病報道量はピークに達する。

ここで注目してほしいのは、一九五五（昭和三〇）年以降の一〇年間の報道量である。

イタイイタイ病の存在が社会的に明らかになったのが一九五五（昭和三〇）年、確かにこの年は筆者の調査では、八月から一二月までで、新聞記事は六三件にのぼった。また週刊誌をはじめ、雑誌も取り上げた。

余りにも意外なのは、翌年以降である。一九六五（昭和四〇）年まで一〇年間の報道量は極端に少ない。本来ならこの期間は、患者救済や原因究明を巡って、ジャーナリズムが活気を帯びていいはずで

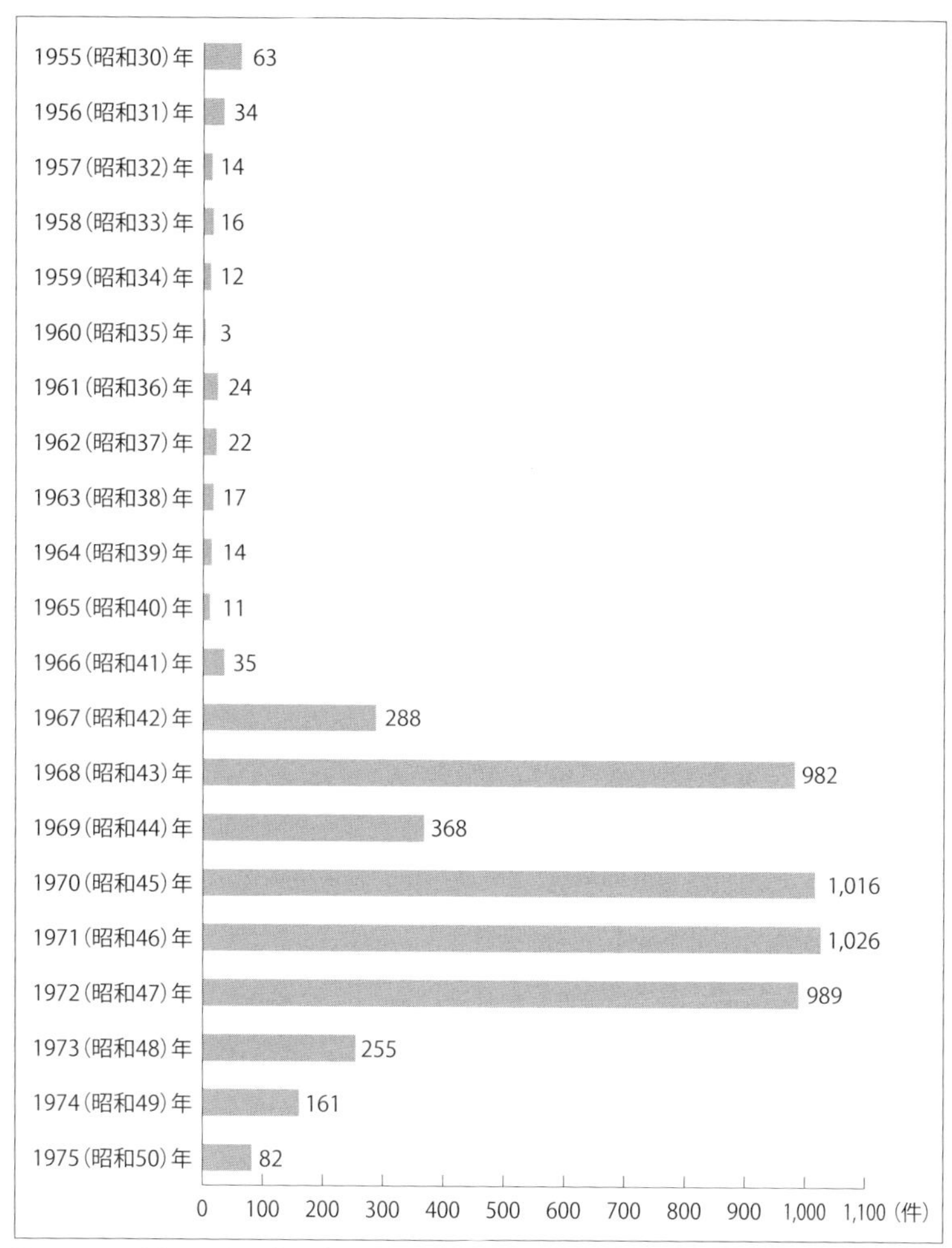

図５－１　イタイイタイ病関連記事数の推移　筆者作成

出所：向井嘉之・畑明郎『イタイイタイ病とフクシマ　これまでの100年　これからの100年』梧桐書院、2014

あるが、それもなかった。

なぜなのか。筆者はこの背景として以下の三点を指摘したい。

昭和三〇年代、当時は戦後復興が叫ばれ、経済成長を最優先に政治・行政の諸課題が設定されていった。日本の産業構造は重化学工業へと転換、全国では産業優先の地域開発が進んだ。まさに富国への道である。富山県にあっても一九五六(昭和三一)年、富山県知事となった吉田実は国の動きに歩調を合わせ地域開発の道をまっしぐらに突き進んでいた。なにしろ吉田知事は、教育においても「産業に奉仕する教育」を掲げたほどである。

次にメディア自身が報道テーマとしてイタイイタイ病を積極的に取り上げようとしなかったことが大きい。富山県の地域開発政策を支持するメディアの報道テーマは地域開発であり、開発のブレーキになりかねないイタイイタイ病は行政からもメディアからも必然的に遠ざけられていった。

さらにイタイイタイ病の被害地域そのものも、閉鎖的になりがちであった。一九五五(昭和三〇)年のイタイイタイ病発見直後の現地ルポで農民が語っているように「なにしろねぇ。患者の家に娘がいると嫁にもらい手がなくなるし、またよそから嫁にくる者がなくなりゃしませんか。それが心配ですちゃ[24]」という言葉が本音かもしれない。農民が何よりも恐れたのは差別や偏見につながることであり、地域社会の悲劇を積極的に外に向かって発信する環境ではなかった。これを地域の閉鎖性と片づけるのは難しい。

ベトナム特需と高度経済成長

昭和三〇年代はこのような三つの主な理由からイタイイタイ病への理解が進まなかった。「経済成長最優先」というイデオロギー一色に染めあげられた日本列島をさらに後押ししたのが、ベトナム戦争である。

ベトナム戦争は正式な宣戦布告がなかったために、戦争が始まったのは、朝鮮戦争の休戦協定成立後の一九五五（昭和三〇）年頃との説もあれば、アメリカが「トンキン湾事件」を契機に直接の報復に踏み切った一九六四（昭和三九）年とか、北爆（北ベトナムへの連続攻撃）を開始した一九六五（昭和四〇）年とかの諸説がある。「トンキン湾事件」というのは、ベトナムと中国・海南島に挟まれたトンキン湾で一九六四（昭和三九）年、情報収集パトロール中のアメリカ駆逐艦が、北ベトナムの魚雷艇によって攻撃されたという捏造（ねつぞう）事件で、その報復攻撃として北ベトナムの数ヵ所をアメリカが爆撃した[25]。

いずれにしても、ベトナム戦争はアメリカを盟主とする資本主義陣営とソビエトを盟主とする共産主義・社会主義陣営との代理戦争であった。北ベトナムは南ベトナムを「アメリカの傀儡国家」とし、共産主義イデオロギーのもとに、南北ベトナム統一国家の建設を求めていた。

実はあまり言われていないが、ベトナム戦争は、日本や韓国といったアメリカ軍の前線基地にベトナム特需をもたらしていた。アメリカ軍による資材調達をはじめ、直接・間接に日本のさまざまな産業に特需が舞い込んだのである。神岡鉱山との関連でいえば、亜鉛地金生産は、世界的にも一九五〇年代は三％、一九六〇年代は五％の伸び率で需要が活発になった。特に日本は一九六〇年代から亜鉛地金の生産が急成長を見せた[26]。鉛や亜鉛は蓄電池、弾丸、薬きょう、大砲などの原料となる。

米機、北ベトナムを爆撃

補給基地に限定

ベトコン攻撃に報復

米政府発表

米人家族を引揚げ

大統領が命令　ミサイル一大隊展開

国家安保会議で協議

南ベトナム人民の自決に 米軍は撤退せよ

ソ連首相、ハノイで演説

中ソ結束を要望

目標に相当損害

米側発表

現地でも発表

計画的な侵略行為

ドンホイ市などで　米機四機を撃墜

北ベトナム国防省声明

米兵7人死に109人負傷

18機損害　ベトコン、米基地攻撃

破壊された米軍機

コスイギン・ソ連首相

1965（昭和40）年2月8日付け『朝日新聞』

ベトナム戦争におけるアメリカの政策で指摘しておかなければならないのは、この戦争にアジアの周辺諸国を参加させていたことである。日本も例外ではなく、アメリカ軍の軍需物資を運ぶ上陸用舟艇に日本人が乗り組んでいたり、沖縄からアメリカ軍が戦闘攻撃に直接出撃したことなど、ベトナム特需のみならず、アメリカ軍のまさに最前線基地となっていた。

ベトナムへのアメリカの派遣兵力は一九六九（昭和四四）年には五四万人に膨れあがったが、北ベトナムが支援する南ベトナム解放民族戦線（アメリカはベトコンと呼称）のゲリラ戦術に悩まされた。この間、ソンミ村虐殺事件などアメリカ軍による地元住民殺害などが明るみに出て、世界各国で大規模な反戦運動に発展した。アメリカにとって歴史上はじめての敗北といわれるベトナム戦争は、一九七三（昭和四八）年ベトナム和平協定成立、一九七五（昭和五〇）年南ベトナムの首都・サイゴン陥落により、ようやく終結した。

参考までに、一九五五（昭和三〇）年からサイゴンが陥落するまでの二〇年間における「神岡鉱山の亜鉛生産推移」（表5―1）を次頁に示す。

これを見れば、朝鮮戦争後も神岡鉱山はとどまることなく亜鉛生産を増大させていたことがわかる。神岡鉱山だけでなく、日本の高度経済成長は、朝鮮戦争による直接特需に始まり、一九六〇年代のベトナム特需とも無縁ではなかったと考えざるを得ない。

表５－１
神岡鉱山の亜鉛生産推移（1955～1975）
（単位：t）

年次	出鉱量	亜鉛含有量
1955（昭和30）	846,454	41,476
1956（昭和31）	1,034,983	49,679
1957（昭和32）	1,128,424	53,036
1958（昭和33）	1,076,611	51,677
1959（昭和34）	1,118,052	51,430
1960（昭和35）	1,077,718	52,808
1961（昭和36）	1,121,843	51,970
1962（昭和37）	1,190,174	54,748
1963（昭和38）	1,229,707	57,796
1964（昭和39）	1,258,324	59,141
1965（昭和40）	1,322,214	62,144
1966（昭和41）	1,514,902	69,685
1967（昭和42）	1,492,552	71,642
1968（昭和43）	1,557,387	73,197
1969（昭和44）	1,511,850	72,569
1970（昭和45）	1,624,567	77,979
1971（昭和46）	1,687,223	82,674
1972（昭和47）	1,744,559	85,483
1973（昭和48）	1,777,123	87,079
1974（昭和49）	1,816,737	83,570
1975（昭和50）	1,786,139	83,949

出所：中島信久「歴史―亜鉛（2）―我が国の亜鉛鉱山・製錬所の変遷と海外亜鉛資源確保の取り組み」2006 より作成

イタイイタイ病　政治の舞台に

昭和四〇年代に入り、イタイイタイ病だけでなく、全国で公害が噴き出てきた。日本が公害列島の異名で呼ばれるようになったのもこの頃である。一九六七（昭和四二）年にはイタイイタイ病が政治の舞台で取り上げられ、超党派の議員立法で緊急救済措置を図ろうとする動きも出てきた。患者に対して冷酷であった富山県の空気も変わらざるを得なかった。富山県衛生部（当時）はとりあえず治療に公費を支出する補正予算案と救済要綱を定例県議会に提案した。

一九六七（昭和四二）年一二月一五日、参議院産業公害対策特別委員会に招かれた萩野昇は次のように証言した。

イタイイタイ病とはこれは字のごとく痛い病気でございます。（中略）重症となりますと息をするのにも痛い、せきをするのにも痛い、肋骨が二八ヵ所も折れる。どうして肋骨が折れるのかと申しますと、せきをする、そのせきのために折れるのでございます。全身七二ヵ所骨折がございます。一ヵ所が折れても痛いのに七二ヵ所折れるのですから、これこそ痛い、痛い、の連発でございます。そこで脊椎が圧迫骨折いたしまして、身長が三〇センチも縮まる。うそだろうとおっしゃいますが、現にこの間、厚生大臣に陳情にまいりました小松みよさんはじめ皆さんは三〇センチ縮んでいる。当初、私がみたときは畳にのせられて診察にきたのであります。私はこれを今、歩かせております。もう一度申し上げますと、治療法が発見できたわけです。何とか見つけて曲がりなりにも治療してやっている。だから現在、重いのがいない。現在のイタイイタイ病患者をイタイイタイ病と思っていただくと大きな間違いです。……私は二一（引用者注：昭和二一年）年三月に召集から帰りまして今日まで、二〇五名をみております。これは一開業医がみた数でございます。オールマイティーではございませんから、少なくとも二四〇〜二五〇名いるんじゃないかと思っております。私の見た数は二〇五名、そのうち四名は男性、二〇一名は女性、一一七名は亡くなっております。[27]

この委員会に萩野とともに招かれた小林純（農学者・水質学者、一九〇九―二〇〇一）らの証言もあって、イタイイタイ病とカドミウムの関係、そしてカドミウムと神岡鉱業所の関係がほぼ裏付けされた形となった。

この間、イタイイタイ病の地元では、解決への道はもはや訴訟しかないという空気が醸成されていった。保守的な風土にあって、訴訟などと、危ぶむ声も多かったが、患者家族の状況が厳しさを増す中で、三井金属鉱業を相手とする訴訟が現実のものとなろうとしていた。折しも全国では、熊本県の水俣病、新潟県の阿賀野川第二水俣病、三重県の四日市ぜんそくが高度経済成長を突き進むこの国にあって、人間の体を蝕む公害として大きな社会問題になりつつあった。

引用文献

［1］三井金属鉱業株式会社修史委員会『続神岡鉱山史草稿 その五』一九七八
［2］三井金属鉱業株式会社修史委員会『続神岡鉱山史草稿 その五』一九七八
［3］細入村史編纂委員会『細入村史　通史編（上巻）』細入村、一九八七
［4］平田貢「イタイイタイ病をめぐるたたかい」『議会と自治体』第一〇七号、日本共産党中央委員会、一九六八
［5］森川英正『日本財閥史』教育社、一九八五
［6］持株会社整理委員会調査部第二課『日本財閥とその解体』持株会社整理委員会、一九五一
［7］岡倉古志郎『財閥　かくして戦争は、また作られるか』光文社、一九五五
［8］J・B・コーヘン、大内兵衛訳『戦時戦後の日本経済』上、岩波書店、一九五〇

［9］飛騨市教育委員会『神岡町史　通史編二』二〇〇八
［10］一九八〇（昭和五五）年七月三日付け『週刊　神岡ニュース』
［11］倉知三夫・利根川治夫・畑明郎編『三井資本とイタイイタイ病』大月書店、一九七九
［12］平田貢「イタイイタイ病をめぐるたたかい」『議会と自治体』一〇七号、日本共産党中央委員会、一九六八
［13］一九五一（昭和二六）年八月一九日付け『北日本新聞』
［14］一九五二（昭和二七）年三月一〇日付け『北日本新聞』
［15］堀つや「イタイイタイ病の活動をかえりみて」『看護』第二五巻第八号、一九七三
［16］「富山のイタイイタイ病をみる」『ナース』一九六八年三月一日号、山崎書店
［17］「富山のイタイイタイ病をみる」『ナース』一九六八年三月一日号、山崎書店
［18］「富山のイタイイタイ病をみる」『ナース』一九六八年三月一日号。山崎書店
［19］萩野昇『イタイイタイ病との闘い』朝日新聞社、一九六八
［20］一九五五（昭和三〇）年八月四日付け『富山新聞』
［21］『サンデー毎日』一九五五年九月四日号、毎日新聞社
［22］『週刊公論』一九六一年七月二日号
［23］『週刊公論』一九六一年七月二日号
［24］北日本新聞社「イタイイタイ病の現地をゆく」『月刊北日本』一九五五年一〇月号、北日本新聞社
［25］吉沢南『ベトナム戦争と日本』岩波書店、一九八八
［26］中島信久「歴史―亜鉛（四）―第二次世界大戦後の国際亜鉛需給構造の変化」『金属資源レポート』第三六巻第四号、石油天然ガス・金属鉱物資源機構金属資源開発本部金属企画調査部編、二〇〇六
［27］藤島宇内「イタイイタイ病を追求（ママ）する」『世界』一九六八年三月号、岩波書店

参照文献

1、『鉱山と共に五〇年』神岡鉱山労働組合、一九九九
2、森川英正『日本財閥史』教育社、一九八五
3、向井嘉之『イタイイタイ病との闘い　原告　小松みよ』能登印刷出版部、二〇一八
4、畑明郎・向井嘉之『イタイイタイ病とフクシマ』梧桐書院、二〇一四
5、向井嘉之・森岡斗志尚『公害ジャーナリズムの原点　イタイイタイ病報道史』桂書房、二〇一一
6、向井嘉之編『イタイイタイ病と教育　公害教育再構築のために』能登印刷出版部、二〇一七
7、沢井裕「イタイイタイ病判決と鉱業法一〇九条」『法律時報』第四三巻第一二号、日本評論社、一九七一
8、一九九四（平成六）年六月三〇日付け『北日本新聞』
9、『朝日ジャーナル』一九六七年一二月三一日号、朝日新聞社
10、月刊『水』第九巻第九号、工業用水クラブ編、一九六七
11、西村秀樹『朝鮮戦争に「参戦」した日本』三一書房、二〇一九
12、安藤慎三『ベトナム特需　その総合的診断』三一書房、一九六七
13、斎藤貴男『戦争経済と大国』河出書房新社、二〇一八
14、八田清信『死の川とたたかう』偕成社、一九八三

第六章 戦後七五年 ―― 今、何が問われているのか

〝イタイ、イタイ〟の絶叫

右っ側の真中の家が七二ヵ所の骨折があったという患者さんの家で、その両隣りが現在の患者さんの家です。左の納屋がこれが遺族の家です。正面左の二階建ての家が遺族の家であり、現在のお婆ちゃんも患者です。塀のこれが遺族の家です。

この家も遺族の家です。新築中のこれは、現在の患者さんの家です。右に平屋の大きい屋根が見えますが、これが現在の患者さんの家です。

右っ側の二軒目が遺族の家であり、現在のお婆ちゃんも患者さんです。正面の両っ側が現在の患者さんの家で、右っ側が、遺族の家。

左に田んぼの中に見えますこれが、遺族の家です。右の塀が切れて、はい、これが現在の患者さんの家です。そして左のタバコ屋さん、これが遺族の家です。

こうして軒並みに患者さんの家があるわけです[1]。

亡くなった患者の野辺送り　　林春希撮影　富山県立イタイイタイ病資料館提供

これは裁判後にイタイイタイ病対策協議会が制作したドキュメンタリー映画『イタイイタイ――神通川流域住民のたたかい――』の冒頭シーンである。車がイタイイタイ病の激甚被害地をゆっくりと走る。説明をするのはイタイイタイ病対策協議会の小松義久会長。イタイイタイ病は地域から容赦なく、命を奪っていった。

一九六七（昭和四二）年、長い間放置されてきた患者救済に行政がようやく重い腰をあげた。すでにイタイイタイ病対策協議会が結成され、患者の補償について、協議会側から国・富山県・三井金属鉱業へ要求が出された翌年のことであり、まず富山県が要治療者に対して、初めて療養費自己負担額を支給した。「イタイイタイ病認定審査会」がこの年初めて設けられ、七三人が患者と認定された。年も押し詰まった一二月二一日のことである。

しかし認定から一週間後に早くも亡くなる人が出た。作山（ほうさやま）あや、八五歳。婦中町の田園地帯で二町（約二ヘクタール）を超える田んぼを耕作してきた。戦時中は「お国のために」と一心不乱に米作に労力をすり減らしてきた。患者として認定され、翌一九六八（昭和四三）年一月一日より医療費免除者として萩野病院に入院することになっていた。[2]

一九六八（昭和四三）年、新しい年を迎えた婦中町萩島では、軒並みに「イタイ、イタイ」の絶叫があった。この頃、筆者は地元の放送局に勤務し、配属された報道現場でイタイイタイ病の取材にあたっていた。

作山あやが亡くなってから三五日目、一九六八（昭和四三）年二月一日はあやの納骨の日であった。

富山県内には前日から大雪注意報が出され、朝になっても雪は激しさを増していた。白い布につつまれたあやの骨壺は、降りしきる雪に埋もれた墓地にひっそりと埋葬された。この頃、神通川流域はまさに葬列の荒野であった。

あやの雪の日の納骨から一ヵ月余りを経過した一九六八（昭和四三）年三月九日、イタイイタイ病の患者と遺族が三井金属鉱業を相手取り、富山地裁へ慰謝料請求の訴えを起こした。国がイタイイタイ病についての厚生省見解を発表する二ヵ月前である。原告は小松みよら患者九人と遺族一九人のあわせて二八人。請求額は一件につき患者四〇〇万円、遺族五〇〇万円の、合わせて六一〇〇万円で、原告側はイタイイタイ病の原因は神通川上流の三井金属神岡鉱業所が流したカドミウムによると主張、全国で初めて鉱業法一〇九条（無過失賠償責任規定）をもとに無過失賠償責任を中心に法廷で争われることになった。弁護団は、正力喜之助団長ら二三六人で構成された。

本書では、イタイイタイ病裁判については詳述しない。イタイイタイ病裁判の詳細については、イタイイタイ病訴訟弁護団による『イタイイタイ病裁判』第一巻～第六巻[3]を参照されたい。

イタイイタイ病は「公害」

それは、一九六八（昭和四三）年五月八日のことだった。午前一一時、厚生省で記者会見に臨んだ園田直厚生大臣は「イタイイタイ病はカドミウム中毒による公害病と断定し、発病原因のカドミウムは、三井金属鉱業神岡鉱業所からの排出が主体」と発表した。

「イタイイタイ病に関する厚生省見解」、公害の歴史において、まさに画期的な国の発表であった。当時、大気汚染や水俣病をはじめとする公害に反対する世論が大きなうねりを呼ぶ中で、国がイタイイタイ病を初の公害病と認定したのである。

筆者はこの時、婦中町の萩野病院にいた。入院している二七人のイタイイタイ病患者たちは、痛ましい身体をひきずりながら、待合室にあるテレビで「公害認定」の発表を聞いた。一瞬、萩野病院の待合室はほっとしたような雰囲気に包まれた。患者からは「私らがこんな身体だというと、息子や娘の縁談がつぶれる。身を切られるようなつらい思いをしてきました。でも、これで遺伝でも業病でもないことがわかり、ほっとしました」と静かに喜びを話してくれた。

この厚生省見解の発表から半世紀が過ぎた。

では日本の公害病認定の扉を開くことになった「イタイイタイ病に関する厚生省見解」とは、どのようなものなのかを紹介しておきたい。

イタイイタイ病は"公害"

厚生省が認める

神岡鉱業が加害者

カドミウム慢性中毒

厚生省はイタイイタイ病はカドミウム中毒による公害病と断定し、加害者は三井金属鉱業神岡鉱業所であるとほぼ認めた。同省はイタイイタイ病の原因について八日午前、①カドミウム慢性中毒に、その他の誘因が加わって発生した②原因であるカドミウムは自然界に微量に存在するものを除いては上流の三井金属鉱業神岡鉱業所の事業活動にともなって排出されたもの以外は見当たらない―などを骨子とし、こんごはイタイイタイ病を公害による疾患として保健、医療対策を進めるとの最終見解を発表した。厚生省がわが国での公害紛争をめぐってこのような形で率直に"公害病"であることを結論づけたことははじめてである。こんごの公害対策への積極的な取り組みの現われともいえ、さらに今月末にひかえた損害賠償の訴訟にも影響するものとみられる。しかし、この最終見解は企業側の責任については言及せず、通産省も同日午後「原因の究明にも不十分な点があり、企業の責任範囲については裁判で明らかにすべきである」との見解を発表しており、公明、社会両党はこれを不満として国会でさらに追及をつづける方針である。

保健医療対策を急ぐ

イタイイタイ病について記者会見する園田厚相（厚生省で）

[illegible]

……とまとめたいとしている。

今月二十四日にきまっている損害賠償の訴訟についても厚相は「企業側に不利とみられても観点がちがうのだからやむを得ない。要請があればあらゆる資料を提供する」と語った。

この最終見解はさる三月末のイタイイタイ病調査班の中間報告にみられたあいまいさを排除している点が注目される。これは水俣病や阿賀野川水銀中毒にみられるように外部団体に調査を委託し、その結論を、同省見解のように受け取らせ、その間、企業側などの反論がからみ、あいまいなものに受け取られていたのにくらべ、今回は厚生省がじん速にメンバーを構成し、他からの干渉を排除して結論を受けいれ、すっきりした見解を打ち出したためである。半面、企業の責任追及、患者医療対策など同省の権限内でできる行政措置について[illegible]こんでいないことに問題を残している。公害基本法にもとづいて立法化がのぞまれながら政府部内の不統一や産業界の反対で立ち消えとなり、現在中央公害対策審議会小委で検討している被害者救済や紛争処理の制度ができない限り、厚生省がいくら公害対策に意欲をしめしてもから回りする恐れがあり、すみやかな立法化が今後の課題となっている。

一方、通産省側でもいち早く企業擁護的な見解を発表した。科学技術庁の通産、厚生両省に委託した予防のための共同調査の結果はまだまとまっていないが、見解がくいちがうことも予想される。

公明、社会両党は企業責任の明確化にあわせ、通産省の態度についても九日の衆院産業公害対策特別委、参院商工委などで追及する。

これにたいし三井金属鉱業側は厚生省見解にこだわらず、あくまで、訴訟で黒白をつけるということを八日午後の富山対策委員会で確認しており、会社の正式見解は裁判のなかで明らかにする方針だが、通産省や県があっせんに乗り出したとき、これをどう受けるかが注目される。いずれにせよ、この見解を契機にイタイイタイ病問題をはじめとして公害対策全般の論議が再び、国会を中心に活発化することは必至である。これに吉田富山県知事らの和解あっせんの動きも表面化するものとみられ、すっきりした見解がでたものの円満解決までにはまだ時間がかかるものとみられている。

厚生省の見解

[illegible]

新しい施策考えぬ

吉田知事　公害行政で表明

厚生省がイタイイタイ病を公害と認めたことで、富山県としては今後積極的な公害行政の推進を迫られることになるが、いままでの施策を続けていく[illegible]

[illegible]

ついては「裁判として企業責任を追及すべきだ」と批判している。

吉田知事は、調査班報告が神岡鉱業所のカドミウム廃棄を主体とし、自然由来を併記していたのに比べ、こんどの見解は後退しているとの立場をとり、さらに公害病といわずに「公害にかかる疾患」としていることを指摘、はっきり公害と認められたわけではないとしている。また発病原因についても富山県特殊病対策特別委員会の結論「カドミウムプラスアルファ」と同じものだとの見方をしている。

このため三井金属鉱業に対しては、「県としてこれまでに受けた被害につき要求すべきものはあるが、要求といえば角が立つので、国の考え方もきいたうえで、話し合いをしたい。三井金属鉱業が話し合いたくないということも考えられるので、その点も考慮しなければならない」との態度を取っている。裁判の仲介についても「できれば仲介に乗り出したいが、訴訟者の意見もききたい」とこれまでの考え方を変えていない。

現在県が市町の協力で行なっていることは①患者の治療費の負担②集団検診（四十三年八千人）による患者の発見③要観察者の管理検診④簡易水道敷設の促進―などに限られており、今後は治療法の確立、患者の生活救済、予防措置、農業被害の補償、カドミウム米対策などが求められることになる。また公害とはっきりした以上は、これらの諸対策の費用とこれまで公費で負担してきた費用を三井金属鉱業に対して請求するかどうかの問題も新しく登場することになる。

イ病関係で県や市町が負担する治療費補助、集団検診費、研究費などは、四十三年だけで千七百万円にのぼり、四十二年以前のものを含めるとかなり大きなものになる。

吉田県知事が企業責任の追及についてあいまいな態度を示している点について対策会議では「知事は厚生省の発表を率直に認めるべきだ。県が厚生省と違った発言をするようでは困る。被害を受けている県民の代表として知事は毅然とした態度で三井金属鉱業にたいし早急に企業責任を追及すべきである」と批判している。

また、イ病対策会議（森田県政会長）は厚生省のイ病に対する見解に対し「厚生省はイ病の原因を三井金属鉱業所の排出したカドミウムであることを正式に認めたが企業の責任範囲にふれず、イ病根絶の具体策を示していないのは残念だ」との統一見解を発表した。

対策会議の統一見解は厚生省がイ病の原因として三井金属鉱業の排出したカドミウムをあげ、はじめて根絶する対策が少しも出されていないと指摘している。こんごとも企業責任の追及と患者の救済に努力するといっている。

あまりにも断定的

三井金属本社が談話

三井金属鉱業東京本社はイタイイタイ病の厚生省の結論について八日夕、次のような談話を発表した。

一、今回厚生省は、いわゆるイタイイタイ病の原因その他について発表したが、当社としては主文に添付された各付属資料を検討する時間がないので、全体について十分な見解を述べる段階ではない。しかし、一見したところでは、厚生省の見解の主文はあまりにも断定的すぎるように思われ、今後なお研究すべき点が残されていることからみて、納得出来ない。

一、当社は現在、イタイイタイ病について訴訟を提起されている段階でもあり、今回提示された付属書類（重松調査研究報告）を詳細に検討し、裁判の段階で当社の見解を明らかにしたい。

賠償に万全を

各党が談話

社会、民社、公明、共産の各党は八日、イタイイタイ病に関する厚生省見解について「企業責任を追及して賠償に万全をつくせ」との談話を発表した。

1968（昭和43）年5月9日付け『北日本新聞』

富山県におけるイタイイタイ病に関する厚生省の見解　一九六八（昭和四三）年五月八日

一、現在までの経緯について

神通川流域の富山県婦負郡婦中町およびその周辺地域において発生した、いわゆるイタイイタイ病は長年にわたり原因不明の特異な地方病としてみられていたが、昭和三〇年に学会において本病に関する報告がなされて以来、社会の関心を集めてきた。厚生省は三八年度には医療研究助成金、昭和四〇年度より総合的な研究班を組織して、その本態と原因の究明に努めてきた。その間、文部省科学研究費による三ヵ年の金沢大学三学部共同の研究や、富山県の地方特殊病対策委員会による調査研究及びその他の関係者の広範な調査研究もこれと併行して実施され学会等に公表されてきた。

イタイイタイ病物質としてカドミウムが注目されたのは昭和三五年以来である。本病の発生にあたっては、鉱山及び鉱業所の諸施設、河川、土壌、農作物、人体などの極めて広範かつ、複雑な要素が数十年にわたる長い年月の間に組み合わさって生じたものと見られ、このように長年月にわたって生じてきた経過を現時点において完全に再現して調査することは困難であるが、厚生省としては昭和四三年四月末までに公表されたすべての科学的な調査研究及び公的機関の資料等を詳細に検討した結果、公害行政の立場より、イタイイタイ病に関して次のような見解に達した。

二、本態と発生原因について

① イタイイタイ病の本態は、カドミウムの慢性中毒によりまず腎臓障害を生じ、次いで、骨軟化症をきたし、これに妊娠・授乳・内分泌の変調・老化及び栄養としてのカルシウム等の不

足などが誘因となってイタイイタイ病という疾患を形成したものである。

② 対照地域として調査した他の水系及びその流域ではカドミウムによる環境汚染や本病の発生は認められず本病の発生は神通川流域の上記の地域にのみ限られている。

③ 慢性中毒の原因物質として、患者発生地を汚染しているカドミウムについては、対照河川の河水及びその流域の水田土壌中に存在するカドミウム濃度と大差のない程度とみられる自然界に由来するもののほかは、神通川上流の三井金属鉱業株式会社神岡鉱業所の事業活動に伴って排出されたもの以外にはみあたらない

④ 神通川水系を汚染したカドミウムを含む重金属類は、過去において長年月にわたり同水系の用水を介して本病発生地域の水田土壌を汚染し、かつ、蓄積しその土壌中に生育する水稲・大豆等の農作物に吸収され、かつまた恐らく地下水を介して井戸水を汚染していたものと思われる。

⑤ このように過去において長年月にわたって本病発生地域を汚染したカドミウムは、住民に食物や水を介して摂取され、吸収されて腎臓や骨等の体内臓器にもその一部が蓄積され主として更年期を過ぎた妊娠回数の多い居住歴ほぼ三〇年程度以上の当地域の婦人を徐々に発病にいたらしめ十数年に及ぶものとみられる慢性の経過をたどったものと判断される。

三、今後の措置

厚生省としては以上の見解に基づいて、イタイイタイ病は公害に係る疾患として今後左記のような行政上の措置を行うべきものとしている。すなわち、本病に関する原因究明のための調査研究についてはこれをもって終止符を打ち、本病の予防と治療ならびにこのような公害の発生を予

防するための科学技術上の調査研究を推進すべきものと考える。

① イタイイタイ病の患者および要観察者に対する保健医療対策については富山県と関係市町により昭和四三年一月以来実施されており、厚生省もこれと併行してとりあえず患者の受療を促進するため、県と主治医を介して特別の医療研究を公害調査研究委託費により実施してきたが、昭和四三年度は公害医療研究費補助金を以って医療研究を行い、本病の治療や予防の推進を図ることとする。なお、その詳細な実施計画は富山県地元の主治医及び金沢大学医学部と協議の上決定することとしている。

② 患者発生地域については、簡易水道を設置するため適当な水源についての調査を進めさせてきたが、昭和四三年度よりその設置に着手するよう取り計らいたい。

③ 目下、科学技術庁の特別研究調整費による通商産業省との共同研究を実施しており、これにより今後この種の鉱山よりカドミウムが排出されることを予防するための理工学的防止対策の基礎を固め、発生源対策の万全を期すこととしている。

④ 昭和四三年度にはカドミウムを産出する他の鉱山の周辺地域についても調査研究を実施するとともに、この種の特定有毒物による環境汚染防止のために定期的な測定や住民の健康管理など具体的施策を推進し、このような微量重金属による環境汚染に原因した人の健康に係る公害を二度と引き起こすことのないよう努めることとする。なお、不幸にしてかかる事態が生じた場合の紛争の処理及び救済の制度の確立について最善の努力をいたす所存である。[4]

イタイイタイ病の歴史は、長い間、原因論争に明け暮れ、患者が放置され続けた歴史といっていいいだろう。「厚生省見解」は「原因究明のための調査研究は、これで終止符を打ち、今後は予防と治療のための調査・研究を推進すべき」という初めての行政見解であった。

筆者は後年、イタイイタイ病を公害病と認定する勇断を下した当時の園田厚生大臣を取材した。東京・平河町通りにあるビルの一角に「園田直事務所」があった。園田に高度経済成長が進む中で、公害病認定の断を下したことについて率直に聞いてみた。

園田「当時は総理が佐藤さんです。佐藤さんとこへ参りましてね。一人おられた。イタイイタイ病の認定はどうしますかとこういったら、公平にやれ、とこういいましたな。こりゃ、総理大臣だからそういわざるを得ないでしょう。だとすれば、これは厳しくやる以外にありません。任せてくれますかといったら、任すちゅうことで、私は公害と認定したわけです」

向井「通産サイドからのですね。プレッシャーというのはなかったんですか？」

園田「ありませんでした。相談しないもの私は。相談しなかったんです。あん時にですね、私一人だったらやられてんじゃないですか、私が。ただね、あの時覚えてますが、各新聞社、あなたがたマスコミは一斉に筆を揃えて、私が、国が公害を認定することを支持されましたよ。だから誰も反対できなかったですよ」[5]。

考えてみれば、園田が判断した「厚生省見解」は、明確に、かつての三井財閥の流れを汲む三井金属鉱業神岡鉱業所を加害者と断定したのである。明治以来の近代において、国による初めての産業界否定、企業否定、財閥否定であった。「厚生省見解」は、足尾鉱毒事件の例をあげるまでもなく、農民や民衆が負け続けた敗北の歴史を塗り替える画期となり、折から進行中のイタイイタイ病裁判に極めて大きな影響を与えることになった。

イタイイタイ病裁判は、一九六八（昭和四三）年三月九日の第一次訴訟に続いて、同年一〇月八日に被害者三三四人が二次訴訟で五億二七三〇万円を請求。翌一九六九（昭和四四）年三月一〇日には四六人が三次訴訟で五三九九万円を請求。同年一一月二〇日には、四人が四次訴訟で一六〇〇万円を請求。さらに、一九六九（昭和四五）年二月二〇日には、五次訴訟で四七七九万円を請求。一次訴訟が三六回の口頭弁論の後に結審となった後の一九七〇（昭和四六）年五月七日に一八人が六次訴訟で三五九九万円を請求。同年七月三日にも一人が七次訴訟で四〇〇〇万円を請求するという文字どお

イタイイタイ病裁判の現場検証で裁判官を迎える患者の方々（婦中町萩島地内）
林春希撮影　富山県立イタイイタイ病資料館提供

りマンモス公害裁判となった。

ここに第一次訴訟提起の翌年、一九六九（昭和四四）年三月現在の患者分布状況を表した図6－1がある。中央の神通川の右岸が富山市と旧大沢野町、左岸が富山市の一部と旧婦中町、旧八尾町で、これらの地域を合わせると南北約一二キロ、東西六キロにわたる。図を見れば、患者が概ねどのあたりに多く発生していたかがわかる。この時点の認定患者は一〇二人、要観察者は一三三人、計二三五人となっている。

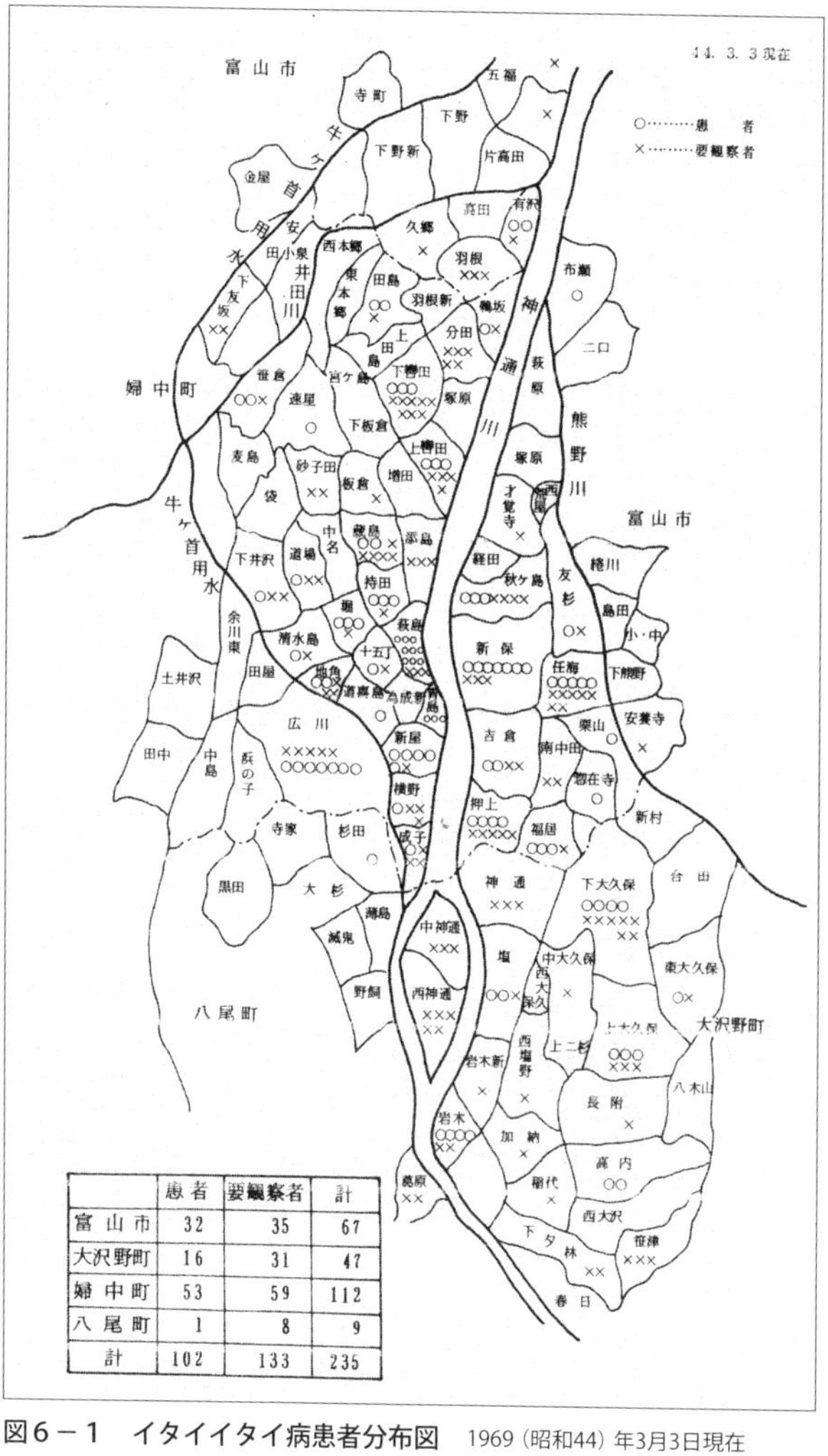

	患者	要観察者	計
富山市	32	35	67
大沢野町	16	31	47
婦中町	53	59	112
八尾町	1	8	9
計	102	133	235

図6－1　イタイイタイ病患者分布図　1969（昭和44）年3月3日現在

出所：富山県イタイイタイ病対策会議『イタイイタイ病―三井金属を裁く―』1969

嘘っぱちの戦さ

裁判中も次々と原告が亡くなった。一九七一（昭和四六）年二月六日、第一次原告だった江添チヨ（六七歳）が勝利の判決を目前に亡くなった。チヨは前年の口頭弁論で三井金属の尋問に答えるため、タンカで三階まで運んでもらった。そしてゆっくりゆっくり息子の久明の助けをかりて歩み、青白く血の気のない顔で証人席に座り「からだが一〇センチも縮み長い間激痛に苦しみました[6]」と証言した。それから五ヵ月後の死であった。江添家の銃後については、第四章で、江添久明の証言として記述したが、チヨは太平洋戦争後、一九五一（昭和二六）年頃から痛みに苛（さいな）まれ、入院を繰り返しながら苦しみ続けた晩年であった。

弔いのうた　　　　藤田　充

「母」は死んだ
雪の降りしきる二月の夕べ
リンゲルと葡萄糖、酸素吸入
ありとあらゆる病院で可能な手段をつくした
荒く激しい呼吸が急にとだえて
六七才の悲しみと怒りの命を白い病室でとじた

江添チヨさん！

患者原告 第1次訴訟

江添チヨさん死亡

勝利の判決を目前に

2月6日

イタイイタイ病裁判第一次訴訟の原告である江添チヨさん（六七才）は、二月六日午后八時二〇分、イタイイタイ病の治療のため入院していた富山県中央病院で死亡しました。

七日午前、金沢大学医学部第一病理学教室で主治医の中川昭忠医博のたち会い、北川正信金大助教授の執力で遺体の解剖がなされました。

この結果、ジン臓がカドミウムによって萎縮し、完全に機能を停止しており、ジン不全による尿毒症で二次的に心臓、肺臓が肥大したものとわかりました。

江添チヨさんは、昭和三二年以来七回も入院をくりかえし、昨年一月から中央病院に再入院して治療に当っておりました。

昨年一〇月担架にのって 最後の証言

昨年十月一五日のイ病裁判第三〇回口頭弁論期日には、被告三井金属のくだらない引のばしを目的とした訊問にこたえるため、タンカで三階まで運んでもらい、ゆっくりゆっくりと法廷まで江添久明さんの助けをかりて歩み、青白く血の気のない顔で証人席に座り「からだが十センチも縮み長い間激痛に苦しみました」と証言したのをそのとき居合わせた傍聴者や原告、弁護団の人達の記憶に今でも鮮明に残っています。

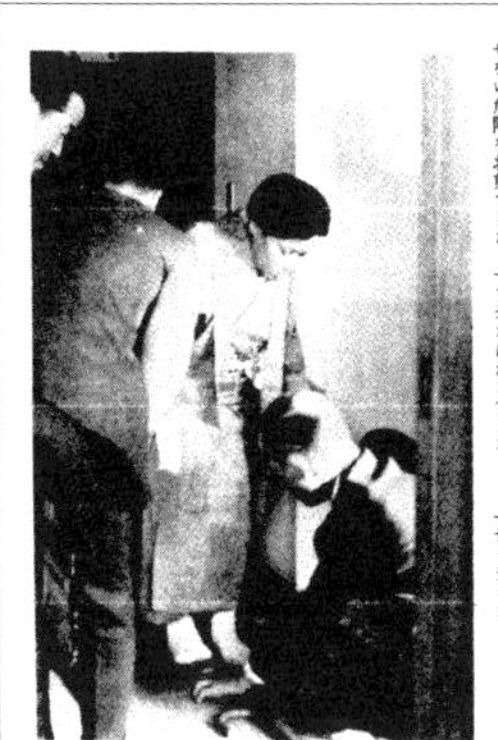

げきれいも空しく

四日午前、病状が悪化した報らせを聞き、弁護団副団長近藤弁護士が病床にかけつけたときは、口も動かせない危険な状態でした。

〝江添さん、シッカリ気をもってがんばって下さい。そして裁判に勝利するのを見届けて下さい〟と励まして来たばかりでした。

生命をかけたイ病裁判の重み

正力弁護団長談「七日、この悲しい報らせを聞き、あゝ去年の一〇月、病める体を引きづって証人として出廷した江添さんを見たのが、最后になってしまった。私はこのイ病裁判のもつ人間の生命をかけている重みをひしひしと感じ、何んとしてでも早期に完全勝利をもたらさなくてはと胸にこみあげてくる気持でいっぱいです。」

母の生涯苦難の連続

母を想う(一)

江添久明

昭和四六年二月六日午後八時二〇分、母は遂に此の世を去った。

たった一人の私の母はもう二度と会う事が出来ないのだ。

思えば母の生涯は苦難の連続であった。

わが家に嫁いで以来、父と二人、一生懸命に働き、農作業は勿論農閑期には神通川へ〝砂利通し〟又は堤防の石運び等に出て働き、その間次々と生まれた私共四人兄弟を育てようやくにして生活も安定し、子供達も成人し、これから一息出来ると思ったのも束の間、戦争の激化と共に兄は現役で軍隊へ、私も又軍属として小学卒業と同時に各務ヶ原航空庁へ家を離れ、只一人残った弟は未だ幼く、妹も小学校低学年、一切の農作業は再び父母の肩にかかって来た。

兄の戦死と母の発病

やがて終戦、だが兄は南方で戦死して永久に帰らぬ人となり、母の嘆きはひとしおならず、昭和二〇年八月、私が復員して以来ようやく家も安定し、弟、妹もそれぞれに世帯を持ち母もこれで一安心、これから私共兄弟三人で親孝行のまねごとでもと思った頃から母はにわかに病気がちとなり、最初は昭和二十六年頃より神経痛になやまされ農閑期ごとに各地の鉱泉へ湯治に行ったり、又針灸等にひまをみて通うも依然として病状は良くならず、痛みは次第に強く、遂には歩行も困難となり、ビッコを引くようになる。

昭和三十二年夏、当時富山県が特殊病対策として住民検診を実施、母はその結果、十二月遂に入院する。それから今日迄、実に入院を繰り返すこと七回にも及び大腿骨の骨折を二度もおこし、そのたびに完全に動く事が出来ず、父も又看病で病床につききりとなる。

その間、母と父が留守の正月を私と妻、そして子供三人で寂しい味気ない正月を幾度迎えたことか。

たんぼに塩をまく

わが家を襲ったこの不幸は、〝一体何なのだろうか〟。父も母も迷った。家の中はしだいに暗くなってゆく。神仏にも祈った。占いなどもした。そして塩をまくと疫病神が払えると聞き又二町八反のわが家の田んぼ全部に一枚一枚、祈りながら塩をまいた事もあった。

三年で原告一八人死亡

――長い裁判自体罪悪――

一日も早く加害企業の責任を明確に

四三年三月九日提訴の一次訴訟の患者原告では氷見つるさんが四四年一〇月七日に亡くなられてから江添チヨさんで二人目ですが、江添チヨさんが亡くなられた二日後の二月八日午前一時に江添さんのとなり部落の押上で、第二次訴訟患者原告佐藤キヨさん（七七才）が亡くなられています。

昭和四三年三月八日訴訟提起以来二年有余の間に患者原告のうちで、判明しているだけでも実に一八人が死亡しているのです。

私たちはどうしてでも、来るべき三月十二日を結審させ早く勝利の判決を獲得しなければと思います。

公害裁判の特質は、裁判の進行と同じく被害が進行していることです。長い長い歳月を要する裁判自体が、とりかえしのつかない被害の拡大をゆるすことにつながっています。

小松義久会長談

イタイイタイ病対策協議会『鉱害裁判』第14号、1971（昭和46）年2月24日発行

私はあなたの息子ではない
だけど私は
あなたを私の「はは」と呼びたい
日本が嘘っぱちの戦さに敗れ
少しは人間らしくなりだした頃
私がやっとこの世に生をうけたちょうどその年
あなたは　すでにいまわしい病の床にいた

（中略）

ながい生活の中から
三井が犯人だと信じはじめ
科学が確信を与え　それをつかんだ息子たちは
「むしろ旗だ！」と口々に怒りを突き上げた

お母さん
だけど私は涙にくずれた顔をやつらにはみせない
やつらを追いつめ
真実の前にひざまづかせるまで
吹雪だろうと雨だろうと

凍りつくような夜だってかまやしない
かけ廻り、走り回り、
あなたの悲しみと怒りの命をうけついで
春を、ほんとうの春を迎えるために
息子たちと共に斗ってゆくだろう[7]

（「弔いのうた」から一部抜粋）

三井がはがやしい

「イタイイタイ病の原因は、三井金属神岡鉱業所が流出したカドミウムである」。一九七一（昭和四六）年六月三〇日の富山地裁、一審判決は明快な原告完全勝訴であった。日本の近代において初めて民衆（市民）が勝利した公害裁判である。

しかしそれから半年後、一九七一（昭和四六）年一二月一〇日、衝撃的な悲しい知らせが、イタイイタイ病対策協議会・小松義久会長にもたらされた。カドミウムに蝕まれた長い闘病生活と、被告の裁判引き延ばしによる苦痛に耐えかねたイタイイタイ病患者、井沢サトが自宅作業場の階段に麻縄をかけて首つり自殺をしたのだ。サトは、一八九九（明治三二）年生まれ、生前、近く行われる萩野病院での臨床尋問の証人になっているため、被告代理人に答えるのがいやだともらしていた。近隣の友人には「わかりきったことをだらだらと調べるこんなだらな（引用者注：ばかな）裁判、死んで三井に怨みはらしてやる」とも言い残していることから、死をもって三井金属に抗議したのである。サトは一九四五（昭和二〇）年、太平洋戦争敗戦の頃から足が痛みはじめ、一九五〇（昭和二五）年頃からは萩野病院への入院を繰り返していたという。

葬儀は二日後の一二日、萩島の正栄寺で営まれた。イタイイタイ病対策協議会・小松義久会長は次のような弔辞を述べた。

「わかりきっていることをモタモタと裁判をひきのばしている三井がはがやしい（引用者注：くやしい）。死んでうらみをはらしたい」と、サトさん、あなたは云っておりましたが、とうとう本当のことになってしまいました。

「よかったですちゃ、わたしらの言ってきたことが、裁判所も認めてくれて」と判決当日あんなに喜んでわたくしたちを励ましてくれたサトさんの姿が、きのうのことのように思い出され、こんな痛ましい姿になってしまうとはわたくしたちはつらく悲しくてなりません。（中略）サトさんの悲しい知らせをうけた一〇日、わたくしたちはもう一つの悲しいニュースを知らされました。それは神通川流域と黒部の土壌産米がカドミウムによって高濃度に汚染されているという驚くべきデータの発表でありました。今やわたくしたちのふるさとは食べる米も、耕す土も、流れる川もすべて憎むべき三井金属鉱業に犯され奪い去られていることをあらためて知らされました。

わたくしたちに残された生きる道はただ一つ。何としてでも裁判引き延ばしをねらった卑劣な三井の証人申請を却下させ、年内結審をもって早期に判決を勝ち取ることです。（中略）

思えばサトさんの一生は、あのいまわしい戦争を何回も経験し、イタイイタイ病で夫を失い、今また農業を奪われようとし、将来の光明を見ないまま、みずから人生を断つという、余りにも苦難にみちた生涯でした。

サトさん、あなたが死をもって訴えたあなたの願いどおり、きっとわたくしたちはまもなく仇をうち、美しいふるさとをとりもどします。

サトさん、生まれいでたふるさとの大地にもどり、どうかやすらかにおねむりください[8]。

哀しみと怒りの中、裁判引き延ばしに抗議した井沢サトのような犠牲者をこれ以上出さないようにと名古屋高裁金沢支部での控訴審早期結審を求めて、被害住民が急速に動き出した。

一九七二（昭和四七）年八月九日、名古屋高裁金沢支部第一号法廷で開かれたイタイイタイ病第一次訴訟控訴審の判決公判は、中島誠二裁判長が富山地裁での一審判決を支持して、被告・三井金属鉱業の控訴を棄却、賠償を請求通り認定する判決を下した。すでに三井金属鉱業は上訴権を放棄して判決に従うとしており、患者・遺族の完全勝訴で、提訴以来、四年五ヵ月の長期裁判に終止符を打った。

控訴審勝利の後、被害者団体は直ちに三井金属鉱業本社での交渉に臨み、「イタイイタイ病の賠償に関する誓約書」・「土壌汚染問題に関する誓約書」・「公害防止協定」を勝ち取った。

これにより、イタイイタイ病の賠償について、第二次から第七次までの原告、裁判に加わっていない被害者への賠償の道が開かれたほか、汚染土壌の復元並びに神岡鉱業所への住民の立入りを全面的に認めさせた画期的なものであった。

しかし、公害とは何かを思い知らされたのは、裁判以降である。控訴審判決から三年にもならない一九七五（昭和五〇）年、厚生省見解やイタイイタイ病裁判の明快な判決に対する「巻き返し」が始まった。

雑誌ジャーナリズムによるイタイイタイ病のカドミウム原因説否定のキャンペーンに始まった「巻き返し」は、政治の場にも持ち込まれ、公害運動に対する反撃が始まった。イタイイタイ病が公害問題の先頭を切って走り、国が公害対策を強化せざるを得ない中で、金属鉱業界は、増大する公害対策に頭を痛めていた。膨大な出費が必要な神通川流域の土壌復元はその意味で全国の注目を集めていた。このために金属鉱業界をはじめとする財界は、政治を巻き込んで、イタイイタイ病のネガティブ・キャンペーンに転じたのである。

最終的には、カドミウム研究の権威であるスウェーデン・カロリンスカ研究所のフリーベルグ（Friberg Lars）博士によって、「イタイイタイ病の原因はカドミウムである」が支持され、ネガティブ・キャンペーンは封じられた。しかし、産業界と政治が一体となった「公害否定」というグロテスクな構造が、日本の歴史的なイタイイタイ病裁判以降、この国にあったことを忘れてならない。

さて、ここまで明治・大正・昭和から現代に至るまで一〇〇年有余の長きにわたり、流域の無辜（むこ）の農民を苦しめてきたイタイイタイ病について、主に戦争を視点に概観してきた。

日清・日露戦争、第一次世界大戦、そして日中戦争から太平洋戦争、さらには朝鮮戦争・ベトナム戦争まで、戦争と神岡鉱山の関係を考える時、まぎれもなく、戦争による公害被害の拡大を認識せざるを得ない。被害者は戦争と公害という二重の下敷きになり、地域を破壊され、命を奪われた。

イタイイタイ病という公害の歴史の検証にあたって筆者が指摘したかったのは、国家が国策という形で鉱山開発に深く関与し、あげくの果て、戦争という国家の意思によって、多大な犠牲を強いてきたという事実である。そしてその戦争への同伴者として公害被害に重大な責任を負わねばならないのは、ひたすら利潤追求に血道をあげてきた財閥である。

日本一の亜鉛鉱山として、生産を続けてきた神岡鉱山は二〇〇一（平成一三）年に採掘を中止した。一九〇六（明治三九）年から九五年にわたる亜鉛鉱石の採掘に終止符を打ったのである。神岡鉱山のこの間の亜鉛生産推移をグラフ（図6―2）にしてみた。

この図は、中島信久の「神岡鉱山の亜鉛生産推移」を基に富山県立イタイイタイ病資料館の図を参考にしながら筆者が作成したものである。グラフでは、ベトナム戦争をアメリカが北爆を開始した一九六五（昭和四〇）年から、サイゴン陥落の一九七五（昭和五〇）年までと記載した。

中島によれば「明治以降、採掘中止までの神岡鉱山の亜鉛生産量は、六三五万トンに達した[9]」という。

亜鉛出鉱量の推移を見ると、太平洋戦争敗戦後も二〇〇一（平成一三）年まで神岡鉱山は生産を続ける。「亜鉛の需要先は主に鉄鋼製品、およびその関連製品[10]」であったが、この間、グラフで見るように、高度経済成長期の一九六〇（昭和三五）年以降、第五章でみたように、ベトナム戦争の後押しを受けてさらに伸び続けていたことがわかる。

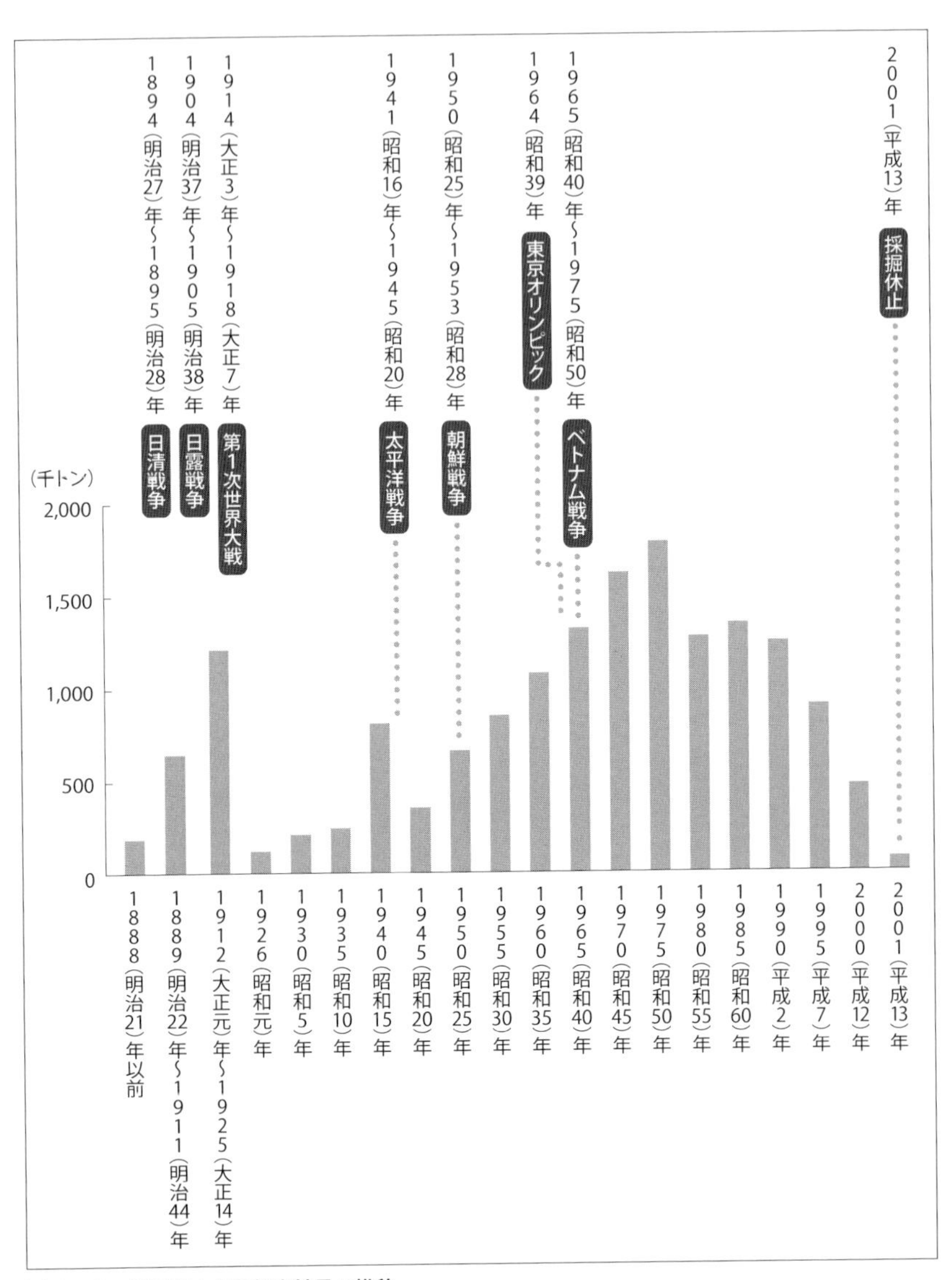

図6－2　神岡鉱山の亜鉛出鉱量の推移

出所：中島信久「歴史―亜鉛（2）―我が国の亜鉛鉱山・製錬所の変遷と海外亜鉛資源確保の取り組み」『金属資源レポート』第36巻第2号をもとに、永井真知子・筆者作成

参考：富山県立イタイイタイ病資料館「神岡鉱山の出鉱量の推移」

イタイイタイ病、現在の課題

明治の近代化とともに、三井組が神岡鉱山の鉱業権を一部取得してから、今年、二〇二〇（令和二）年で一五〇年近くになる。推定ではあるが、神岡鉱山からの鉱毒によって最初の発病者が出たとみられるのは一九一一（明治四四）年であるから、それからおよそ一一〇年が経過した。さらにイタイイタイ病が公害病と認定されてから五〇年余りになるが、イタイイタイ病をめぐる現在の課題は何かについて以下の三点を指摘したい。

まずは当面、喫緊の課題としてあげたいのは、これから先はどんなことがあっても絶対に神通川を再汚染させないよう神岡鉱山には常に最大の取り組みを要求していかなければならないということである。

つまり、発生源対策の重要性である。裁判後、五〇年近くにわたる公害防止協定に基づく科学者・弁護士・被害住民の神岡鉱山立入り調査により、神岡鉱山のカドミウム排出量は一〇分の一以下となり、神通川のカドミウム濃度も自然界レベルになった。

しかし、神岡鉱山の亜鉛電解工場の地下には、かつての操業で染み込んだカドミウムが八〇トン以上あると試算されて

神岡鉱山立入り調査　　2010（平成22）年8月　筆者撮影

おり、選鉱廃滓や排水処理シックナーの沈殿物を捨ててきた堆積場にも莫大な量のカドミウムが堆積している。神岡鉱山には鹿間谷（一九三一・昭和六年建設、総堆積量約五〇〇万立方メートル）、増谷（一九三三・昭和八年建設、総堆積量六〇〇万立方メートル）、和佐保）（一九五四・昭和二九年建設、総堆積量二六七五万立方メートル）の三つの堆積場がある。鹿間谷と増谷は堆積を完了し、和佐保も残容量がわずかとなっている。筆者らが最も不安視するのは、国内最大規模であり、東京ドーム二一個分の堆積量を持つ和佐保堆積場である。

実際、一九五六（昭和三一）年にも和佐保堆積場は集中豪雨で決壊し，一万五〇〇〇立方メートルの廃滓が河川に流出した歴史がある。堆積場はこうした豪雨時と大地震が最も心配である。

特に最近の豪雨は、過去に例のない、時間雨量一〇〇ミリや連続雨量一〇〇〇ミリを超える集中豪雨が各地で頻発しており、神岡鉱山周辺でも今

和佐保堆積場　　2019（令和元）年8月　田尻繁撮影

後の異常集中豪雨対策が急がれる。また、和佐保堆積場上流は土砂災害特別警戒区域に指定されており、対策が必要である。

一方、地震は、二〇一八（平成三〇）年の政府地震調査委員会の予測によると今後三〇年以内に神岡鉱山付近で発生する地震の確率は、震度五弱以上が四七％、震度五強以上が一〇％、震度六弱以上が一％、震度六強が〇・一％となっているが、最近の頻発する地震への備えは大丈夫なのだろうか。堆積場のみならず、数千トンの硫酸タンクなどの工場施設の耐震対策も必要である。

二〇一九（平成三一）年一月、ブラジル・ミナス州ブルマジーニョの鉱滓ダムが決壊し、死者・行方不明者合わせて三〇〇人余りの人的被害を出したという報道は記憶に新しい。

鉱滓ダムの決壊は堤体（ていたい）（ダムや堤防の本体のこと）内の地下水面が上昇したためと言われている。このダムは和佐保堆積場の約半分の規模であったが、和佐保堆積場でも堤体内の地下水面が上昇し、地震などの影響で液状化が起きる可能性も十分考えられる。

堆積場の安全管理は、永遠の課題といっていい。万一、閉山や倒産により鉱山事業者（現在は神岡鉱業株式会社）が消滅した場合、一体誰がこれらの作業に対し責任を持って継続するのであろうか。当然のことではあるが、将来の管理義務者不存在の問題も視野に入れながら、国をはじめ、岐阜県・富山県・飛騨市・富山市などの自治体が今から積極的にこの問題に取り組む必要があるのではないか。再汚染防止は急がねばならない。

次に筆者が課題としたいのはイタイイタイ病のいわば前段症状にあたるカドミウム腎症の問題である（図6－3参照）。

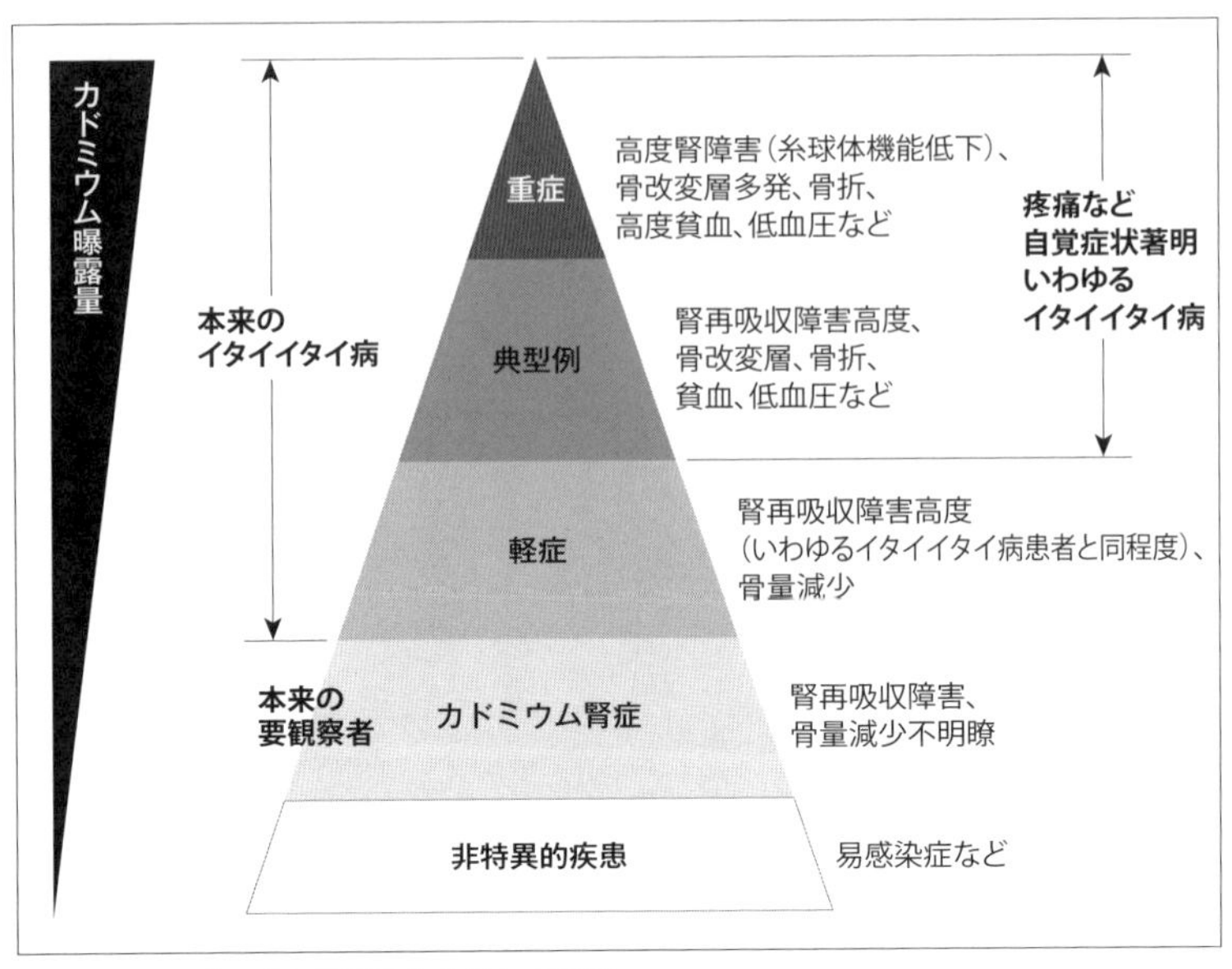

図6－3　カドミウム曝露量と病状との関係

出所：加須屋実「現在のカドミウム健康障害と発生源対策の意義」『イタイイタイ病・カドミウム被害を許さず』桂書房、1992

二〇一三（平成二五）年一二月、被害者団体と原因企業である三井金属鉱業が「神通川流域カドミウム問題の全面解決」に伴う合意書に調印した。確かに土壌復元や発生源対策は一定の解決と言えるが、「全面解決」合意の核心は、健康被害の補償にあった。イタイイタイ病はこれまで慢性カドミウム中毒の頂点のみが公害疾患と認定され救済の対象とされてきた。しかし、その前段症状であるカドミウム腎症は認定という行政基準から放置されてきた。「全面解決」の合意ではこの前段症状に対し、一定の条件のもとで原因企業側が一時金を支給するとした。一定の条件とは、神通川流域において、かつてカドミウム汚染のあった地域に、一九七五（昭和五〇）年以前に二〇年以上住んでいた住民を対象に、カドミウムによる腎機能（腎臓の近位尿細管機能）への一定以上の影響が確認された場合、健康管理支援一時金六〇万円が支払われるものである。

原因企業側が一時金を支給するのは確かに一歩前進ではあるが、これは国による公害病認定ではない。国は、カドミウム腎症は「生活に支障が出るわけではない」として、公害病として認定しない方針を堅持している。ここで筆者が強調したいのは、イタイイタイ病であれ、水俣病であれ、この国の公害病が辿った歴史における大きなまやかしである。例えば、イタイイタイ病について言えば、イタイイタイ病とされるのは、極めて重篤な氷山の一角にしか過ぎず、氷山の裾野に広がる多くの被害がすべて切り捨てられてきた。障害のレベルがさまざまなカドミウム腎症も恣意的に過小評価されてきた経緯がある。カドミウム腎症がさらに進行し症状が悪化しても、国の公害病認定がいかにハードルが高いかを、今回の「全面解決」が示唆しているとも言える。つまり、医学的には明らかにカドミウムによる腎臓障害という診断があっても公害病の認定という行政基準には遠く及ばない。

「全面解決」合意を契機にあらためて、公害による健康被害とは何かを原点に立ち返って考える必要がある。国はカドミウム腎症を公害疾患として認めるとともに、イタイイタイ病の認定や要観察者の判定範囲を積極的に見直すべきであり、患者認定、要観察者判定を行う富山県公害健康被害認定審査会は、その審査に透明性を持たせ、健康被害の救済に全力をあげるべきである。[11]

イタイイタイ病は世界最大のカドミウム被害であり、渡辺伸一の次の指摘は極めて重要である。

本来であれば、生命と健康を犠牲にして得た貴重なデータを、健康被害を起こさないための予防対策として世界の人々に役立ててもらう、という形での国際貢献をわが国政府が率先してやるということができたはずである。しかし、この点でも、ありうべきシナリオとは逆の方向に進んでしまった。すなわち、重篤例または典型例の一部しか公害病とは認めない、という行政と医学専門家集団の姿勢は、ミニマムの被害を生み出さないための予防対策の不履行を帰結させた。なぜなら、あたりまえだが、ミニマム被害の予防対策のためには、ミニマム被害も公害被害だと認めることが前提になるからだ。この結果、安全値の策定やこれに基づく規制という予防対策が不完全なものとなり、国民全体に対する健康リスクを増大させてきたといえるのである。[12]

イタイイタイ病の今後の課題は多いが、筆者が最後に強調したいのは、イタイイタイ病を、そして公害を正しく伝える教育の重要性である。イタイイタイ病の公害病認定から五〇年を過ぎた今、イタイイタイ病の現場では、これまでの自らの体験を、そして貴重なイタイイタイ病の歴史を、「記憶」とともに語ってきた被害者が次々と亡くなり、イタイイタイ病はいよいよ「記憶」から「記録」への時代に入ってきたと言わざるを得ない。イタイイタイ病をどのように「記録」し、どのように語り継いでいくのか、重大な岐路にさしかかっているとも言える。このようなことを考えると、次の世代に、未来にどのようにイタイイタイ病を「記録」し、語り継いでいくのか、「教育」のあり方が問われてくる。教育というのは何も学校教育だけではない。広く市民教育も含めてである。

公害というのは単に、加害企業があって被害者があるのではない。まさしく本書で検証を試みたように、公害の底流には「富国強兵」・「殖産興業」を目標とし、戦争に次ぐ戦争という近代化路線をひたすら駆け抜けてきた日本という国家があり、その伴走者として、戦争のいわば案内人を務めた財閥がいた。

そうした公害のグロテスクな構造を教育でしっかり伝えなければならない。

実は筆者は、第一章、第二章で「銅は国家なり」の言葉に象徴される足尾鉱毒事件を取り上げ、国家と農民、財閥と農民について考える導入とした。

かつて公害報道の歴史について研究を進めていた東京大学教授・香内（こううち）三郎は、「公害」概念の形成と足尾鉱毒について次のように述べた。

なぜ、この研究を足尾鉱毒から始めるのか、と言えば、第一にこの問題をめぐって、二つの『公益』（「公害」）観が、初めてはっきりと対置されるからである。知られているように、田中正造は『人民の利益』『人民の生活』＝『公益』だ、とする観点に立って、数多くの『公益に有害―鉱業を停止セザルニ付質問書』を政府に差し出してゆく。政府はそれに対し、『国家的利益』、あるいはそれと同化、一体化される私人、私企業の利益を、『公益』と称して、田中の議会内言論活動を押しつぶしていく。[13]

説明の必要はないと思うが、わかりやすく言えば、香内は「公害」という言葉の前提となる「公益」から分析し、人民のため、つまり社会のためという「公益」と、「お国」のため、国家のためを最たるものとする「公」を「公益」とするという二つの公益論を対峙させた。そして無名の民衆の側に立つ「公益」こそ、真の「公益」であり、この「公益」の裏返し、つまり「公益」に反することが、「公害」の概念にふさわしいと述べた。

当然のことではあるが、イタイイタイ病をはじめとする公害教育では、加害企業に対し、政治や行政、さらに医学や時にはメディアもどう対応したかが重要になる。イタイイタイ病では、患者救済を決して優先させなかった政治と行政の構図は、まさに「公益」に反し、「公害」無視、あるいは軽視の典型として指摘せざるを得ないであろう。

一〇〇年を超えるイタイイタイ病の歴史は、人間とは何か、医学とは何か、国家とは何かを問いながら、凶暴な複合体である公害と向き合った民衆（市民）の闘争史であるといわざるを得ない。単に加害企業と被害者を図式化するだけでは何も生まれない。公害教育によって次代を担う健全な批判意識を醸成してほしいものである。

戦後七五年

太平洋戦争は、広島・長崎への原爆投下で終わった。日本の敗戦である。日本は、世界で唯一の被爆国となったが、この被爆によって、太平洋戦争に対する日本人の記憶は、戦争の加害者から被害者に変わった。戦争を始めた加害者の立場を忘れてしまったのである。欧米から「好戦国家」とまで揶揄された太平洋戦争以前の歴史をすっぽり忘れてしまった。

戦後は、平和国家を標榜し、戦争こそしなかったが、国を挙げて戦後復興に取り組む中で、凄まじい公害の嵐に見舞われた。日清・日露戦争から全ての戦争を見てきたイタイイタイ病は、高度経済成長の道をまっしぐらに進み始めた一九五五（昭和三〇）年、初めてその存在を報道された。一九五五（昭和三〇）年とはどのような年であったのか。前述したように、戦後日本は、一九五〇（昭和二五）年の朝鮮戦争特需により、一九五三（昭和二八）年頃から太平洋戦争前の経済水準に復興し、あらたな国策が用意された。

原子力の導入である。一九五五（昭和三〇）年、「原子力基本法」をはじめとする原子力三法が成立、原子力平和利用を掲げ、「原発大国」へと突き進んだ。田原総一郎は、これを「原子力戦争」[14]と名付けた。そして行き着いたのが、二〇一一（平成二三）年三月一一日。レベル七という人類史上最悪の福島第一原発事故であった。

船橋洋一は、「原発敗戦」という言葉を生み出した。戦後七〇年の前年にあたる二〇一四（平成二六）年、船橋は次のように語った。「戦後七〇年になろうというのに、いったい、いまの日本はあの敗戦に至った戦前の日本とどこがどう違うのだろうか。日本は、再び、負けたのではないか。あの事故の教訓についていまなお国民的合意さえできていない現実を見るとき、いま一層の敗北感を感じるのである。福島原発事故は日本の『第二の敗戦』[15]だった。私たちは、福島原発事故とその悲惨な結果をあえて敗戦と見なすことから再出発すべきなのだ」。

東日本大震災とこの福島第一原発事故によって、多くの人たちが自主避難などで故郷を離れたままである。汚染水や廃炉の行方はいまだ見えず、危機的状況が収束する目途は立っていない。「アンダーコントロール」のかけ声にのり、今年、二〇二〇（令和二）年、東京オリンピックが開幕する。

それにしても、まるで福島第一原発の事故がなかったかのように、原発推進政策を取るこの国は一体どこへ行こうとしているのであろうか。これでは脱原発を求める世論を完全に無視したことになる。

二〇一九(令和元)年一〇月、原発をめぐるとんでもない事件が発覚した。関西電力の首脳らが福井県高浜町の元助役から多額の金品を受けとっていたことが明るみに出たのである。ことは関西電力だけではない。原発の再稼働をめざす他の電力会社にも厳しい視線が向けられている。

太平洋戦争直後、日本における最大の戦争潜在力として、三井をはじめとする財閥は解体された。しかし、現代のこの国にあっては、三井や三菱の商号を冠した企業グループは健在であり、電力会社のごとき、政府と一体となった大企業は、地域を動かしている。

原発マネーにまみれた関西電力の事件を聞くと、「電力は公益事業」の「公益」が泣くというものだろう。政府の「エネルギー基本計画」によれば、二〇三〇(令和一二)年の電力供給における原発依存度は二〇~二二%である。原発の再稼働には新規制基準への適合と地元の同意が必要であるが、このような関西電力事件が起きるようであれば、この国ではもはや原発再稼働は無理である。「原発ゼロ」を再確認し、国策への全面的見直しを迫るしかない。原発に未来はない。原発再稼働に反対の人が、国民の過半数をはるかに超えているのに、この国は原発を再稼働しようとしている。民意とは何なのか。あいまいな姿勢はやめるべきだ。

振り返ってみれば、明治維新に始まった日本の近代は、まず、戦争と公害を踏み台に、いのちを切り捨ててきた。そして行き着いたのが、太平洋戦争であった。福島第一原発事故という「第二の敗戦」を経験しながら、それでも原発再稼働に突き進もうとするこの国は、どこへ行こうとしているのであろうか。いのちよりやはり経済優先なのか。
暗澹（あんたん）たる戦後七五年である。

引用文献

[1] イタイイタイ病対策協議会『イタイイタイ—神通川流域住民のたたかい—』一九七四
[2]「富山のイタイイタイ病をみる」『ナース』一九六八年三月一日号、山崎書店
[3] イタイイタイ病訴訟弁護団編『イタイイタイ病裁判』第一巻〜第六巻、総合図書、一九七二〜一九七四
[4] 富山県イタイイタイ病対策会議『イタイイタイ病　三井金属を裁く』一九六九
[5] 向井嘉之『一一〇万人のドキュメント』桂書房、一九八五
[6] イタイイタイ病対策協議会『鉱害裁判』第一四号、一九七一
[7] イタイイタイ病対策協議会『鉱害裁判』第一四号、一九七一
[8] イタイイタイ病対策協議会『鉱害裁判』第二二号、一九七一
[9] 中島信久「歴史—亜鉛（二）—我が国の亜鉛鉱山・製錬所の変遷と海外亜鉛資源確保の取り組み」『金属資源レポート』第三六巻第二号、石油天然ガス・金属鉱物資源機構金属資源開発本部金属企画調査部編、二〇〇六
[10] 倉知三夫・利根川治夫・畑明郎編『三井資本とイタイイタイ病』大月書店、一九七九
[11] 向井嘉之『イタイイタイ病との闘い　原告　小松みよ』能登印刷出版部、二〇一八
[12] 渡辺伸一「公害病否定の社会学的考察」『奈良教育大学紀要』第五六巻第一号、二〇〇七
[13] 香内三郎「いわゆる公害報道の歴史—足尾鉱毒事件の一側面—（特集・公害報道）」『新聞学評論』第二〇号、一九七一

［14］田原総一郎『原子力戦争』筑摩書房、一九七六
［15］船橋洋一『原発敗戦』文藝春秋、二〇一四

参照文献

1、「富山のイタイイタイ病をみる」『ナース』山崎書店、一九六八
2、向井嘉之『イタイイタイ病との闘い　原告　小松みよ』能登印刷出版部、二〇一八
3、畑明郎・向井嘉之『イタイイタイ病とフクシマ』梧桐書院、二〇一四
4、向井嘉之・森岡斗志尚『公害ジャーナリズムの原点　イタイイタイ病報道史』桂書房、二〇一一
5、畑明郎『イタイイタイ病―発生源対策22年のあゆみ』実教出版、一九九四
6、田尻繁「神岡鉱山和佐保堆積場の視察報告と課題」『神通川』第一七号、イタイイタイ病を語り継ぐ会、二〇一九
7、姜尚中『維新の影　近代日本一五〇年、思索の旅』集英社、二〇一八
8、畑明郎「発生源対策45年のあゆみ」『イタイイタイ病―世紀に及ぶ苦難をのり越えて』イタイイタイ病対策協議会、二〇一六

おわりに

本書の執筆を終えるにあたり、あらためて冒頭で紹介した堀田善衛の言葉の重みを考えてみたい。むろん戦争は国家が引き起こすものである。堀田はこの国家を監視するのは、人々の顔が見える地方であり、地方こそ育成されるべきものと力説した。

イタイイタイ病から見る二つの地方とは、一つはまさに神岡鉱山という東洋一の亜鉛鉱山とともに歩んだ神岡町（現・飛騨市）、もう一つは神通川下流の婦中町（現・富山市）などの被害地域一帯である。

二〇一九（令和元）年秋、再びかつての鉱山都市・神岡へ足を踏み入れた。山また山の秘境を抜け出るとぽっかり浮かぶように神岡の町が広がっている。町内を南北に貫く高原川、神通川の上流にあたる。川向の山肌にへばりつくような神岡鉱業関連の工場は、今もリサイクル事業などで稼働中である。さすがに街中は人通りもなく、静まり返っている。しかし、鉱山を背にするせいか、どことなく昭和の匂いが漂う。

飛騨市神岡町　2019（令和元）年10月　筆者撮影

神岡町が最盛期だった一九六〇（昭和三五）年には、町の人口がピークの二万七六〇三人、鉱山社員数は四〇一一人だった。現在の人口は一万人を切っている。二十五山の中腹、標高八〇〇メートルの栃洞地区には多くの従業員とその家族が暮らしていた。ここにあった社宅群は今は無人で草に覆われている。かって神岡の住民は、国と三井の要請に応えて、神岡鉱山を支えながら、繁栄と衰退という激動の歴史を繰り返してきた。

神岡鉱山は二〇〇一（平成一三）年に鉱石の採掘を中止したが、神岡鉱業関連の工場は操業中で、まだまだ鉱山依存から脱けきることは難しいようだ。

神岡鉱山は今、東京大学宇宙線研究所のニュートリノ観測装置・スーパーカミオカンデや大型低温重力波望遠鏡「ＫＡＧＲＡ」の始動で町の衣を変えようと必死である。

ただ、街中を歩きながらどうしても気になるのは、第六章で指摘した巨大な廃滓ダム・和佐保堆積場をはじめとする鉱山全体の安全である。これからの新しい神岡の町づくりを考える時に、自らの町が豪雨や地震の危険性に耐えられるような防災都市づくりをめざしてほしいし、下流域に今後は絶対に再汚染がないよう、飛騨市のみならず岐阜県もあげて取り組んでほしいと願う。

一方、かつてカドミウムの汚染にまみれた旧婦中町は二〇〇五（平成一七）年の大合併で富山市となり、今は富山市のベッドタウンとして、人口が増えている。神通川左岸では、大型ショッピングセンターがあらたにリニューアルオープンし、富山県内外からの集客を見込んでいる。また、右岸には各種スポーツ施設が林立し、カドミウム汚染田の痕跡はどこにも見出すことはできない。富山県立イタイイタイ病資料館は確かにこの地にあるが、この辺りで、若い人たちにイタイイタイ病について尋ねても、おそらく公害の記憶を辿ることは難しいであろう。こうしたカドミウム汚染田の復元は、一九七九(昭和五四)年に始まり、二〇一二(平成二四)年まで、三三年をかけて完了したが、復元した総面積は八六三・一ヘクタールで、当初の対策計画一六八六・二ヘクタールの五〇%あまりにしかならなかった。復元されずに転用された土地が残り半分である。復元されずに汚染されたままの大地の痕跡を未来にどう伝えていけばいいのであろうか。

繰り返すが、神通川流域では、今もイタイイタイ病で苦しみ続けている患者がおり、今後さらに患者に認定される可能性も十分にある。また、イタイイタイ病の前段症状であるカドミウム腎症の患者の存在も忘れてはならない。イタイイタイ病は決して終わってはいない。

神岡からの帰途、富山市街の西を流れる神通川堤防道路から神通河原に下りてみた。河原にはススキが多い。短い秋を惜しむかのように、ススキが一斉に揺れていた。神通川はきょうも豊かな水量を保ちながら、富山湾をめざして流れている。

神通川にようやく清流が戻ったと言われるが、その川底には今も一〇〇年を超える苦しみ、哀しみが流れていることを忘れてはならない。

神通川右岸　富山市新保周辺　　2019(令和元)年11月　筆者撮影

神通川の上流と下流にあたる二つの地方は、戦争という、この国最大の国策に揺れ動いた近代をどのように記憶していくのであろうか。

本書の出版にあたっては多くの方々にご協力いただいた。畑明郎さんには本書全般にわたりアドバイスをいただいた。また、松波淳一さんと吉田文和さんには貴重な資料をご提供いただいた。心から感謝申し上げたい。資料収集の過程では、金澤敏子さんに助けていただき、永井真知子さんには各図の作成をしていただいた。本書全般の校正は頭川博さんにお願いした。そのほか、ご協力いただいたお一人お一人に感謝したい。

最後に、本書の編集にあたっていただいた能登印刷出版部の奥平三之さんにお礼を申し上げたい。

二〇二〇(令和二)年一月

向井嘉之

神通川　2016(平成28)年3月　鷹島荘一郎撮影

1940（昭和15）年頃　イタイイタイ病患者発生激甚期に入る

1941（昭和16）年～ 1945（昭和20）年　太平洋戦争

1945（昭和20）年　連合国軍総司令部（ＧＨＱ）が三井などの財閥を解体する覚書を発表

1948（昭和23）年　「神通川鉱毒対策委員会」結成、農業被害の補償要求

1950（昭和25）年～ 1953（昭和28）年　朝鮮戦争

1955（昭和30）年　イタイイタイ病　初の新聞報道

1956（昭和31）年　水俣病の公式発見

1961（昭和36）年　萩野昇医師らがカドミウム原因説を発表

1965（昭和40）年～ 1975（昭和50）年　ベトナム戦争

1965（昭和40）年　新潟水俣病の公表

1966（昭和41）年　「イタイイタイ病対策期成同盟会」（のちのイタイイタイ病対策協議会）結成

1967（昭和42）年　新潟水俣病提訴
小松義久会長ら婦中町熊野地区の代表が神岡鉱山へ、会社側と初交渉

1967（昭和42）年　イタイイタイ病が初めて国会で取り上げられる

1967（昭和42）年　富山県が73人の患者を初認定

1968（昭和43）年　イタイイタイ病患者・遺族が三井金属鉱業に損害賠償を求め富山地裁に提訴

1968（昭和43）年　厚生省（当時）がイタイイタイ病を初の公害病と認定

1969（昭和44）年　水俣病提訴

1971（昭和46）年　イタイイタイ病第１次訴訟で富山地裁が原告全面勝訴の判決

1972（昭和47）年　イタイイタイ病訴訟控訴審で全面勝訴確定
住民と三井金属鉱業が公害防止協定を締結

1972（昭和47）年　被害住民・弁護団・科学者らが第１回神岡鉱山立入り調査
神通川流域カドミウム被害者団体連絡協議会結成

1974（昭和49）年　公害健康被害補償法施行

1975（昭和50）年　『文藝春秋』２月号に「イタイイタイ病は幻の公害病か」のレポート掲載（カドミウム説を否定）政府、企業の巻き返し始まる

1980（昭和55）年　汚染土壌の復元開始

2012（平成24）年　33年をかけて汚染土壌復元完了
富山県立イタイイタイ病資料館開館

2013（平成25）年　神通川流域カドミウム被害者団体連絡協議会と三井金属鉱業が「全面解決」の合意書に調印

2014（平成26）年　イタイイタイ病を語り継ぐ会設立

2016（平成28）年　イタイイタイ病対策協議会結成から50年

2018（平成30）年　イタイイタイ病公害病認定から50年

イタイイタイ病と戦争　戦後75年 忘れてはならないこと　関連年表

1872(明治5)年　明治政府初の鉱山政策「鉱山心得書」頒布
1873(明治6)年　初の統一的鉱業法典「日本坑法」頒布
1874(明治7)年　三井組、神岡鉱山の鉱業権を一部取得する
1876(明治9)年　古河市兵衛、足尾銅山の経営権握る
1877(明治10)年　足尾銅山製錬所操業開始
1884(明治17)年頃　足尾銅山周辺の山々に煙害始まる
1889(明治22)年　三井組、神岡鉱山全山の鉱業権を取得
1890(明治23)年　「鉱業条例」制定、渡良瀬川で洪水、最初の足尾鉱毒被害
1891(明治24)年　「鉱山監督署管制」公布
1892(明治25)年　「鉱山条例施行細則」「鉱業警察規則」公布
1892(明治25)年頃　神岡地区での煙害や用水・飲料水への影響を新聞報道
1894(明治27)年～1895(明治28)年日清戦争
1896(明治29)年　渡良瀬川洪水、足尾銅山鉱業停止の声高まる
1896(明治29)年　神通川の鉱毒で富山県内の稲作にも被害
1897(明治30)年　政府、足尾銅山鉱毒調査委員会設置、鉱毒予防工事命令
1901(明治34)年　足尾鉱毒被害について、田中正造、天皇に直訴
1904(明治37)年～1905(明治38)年　日露戦争
1905(明治38)年　神岡鉱山で亜鉛鉱石を初採取
1905(明治38)年　「鉱業法」制定
1906(明治39)年　谷中村強制破壊
1906(明治39)年　神岡鉱山で本格的な亜鉛採取
1911(明治44)年　最初のイタイイタイ病患者発生(厚生省推定)
1913(大正2)年　神岡鉱業所の煙害激化、大牟田に亜鉛乾式製錬工場建設
1914(大正3)年～1918(大正7)年　第一次世界大戦
1916(大正5)年～1917(大正6)年 富山県・岐阜県吉城郡の被害報道相次ぐ
1917(大正6)年　岐阜県の地元紙に「牛馬斃死(へいし)」の報道
神岡鉱山の地元・神岡町で激しい鉱害反対住民運動
1918(大正7)年　米騒動、全国の都市や鉱山を巻き込む
1920(大正9)年　上新川郡農会、富山県議会が鉱毒除害施設設置の建議書提出
1931(昭和6)年　柳条湖事件、15年戦争の始まり
1931(昭和6)年頃「神通川鉱毒防止期成同盟会」結成、農漁業被害広がる
1932(昭和7)年　「満州国」樹立
1937(昭和12)年　日中戦争始まる
1939(昭和14)年　ヨーロッパで第二次世界大戦勃発

■出版にご協力いただいた方々

イタイイタイ病対策協議会
イタイイタイ病発生源対策協力科学者グループ
イタイイタイ病弁護団
イタイイタイ病を語り継ぐ会
神岡鉱業株式会社
神岡ニュース社
岐阜県図書館
鉱山資料館
国立国会図書館
神通川流域カドミウム被害団体連絡協議会
清流会館
富山県健康課
富山県立イタイイタイ病資料館
富山県立図書館
入善町立図書館
萩野病院
飛騨市神岡図書館
飛騨市教育委員会
三井金属鉱業株式会社

青島恵子
江添良作
金澤敏子
頭川　博
髙木勲寛
髙木良信
鷹島荘一郎
田尻　繁
永井真知子
畑　明郎
林　春希
藤田　充
松波淳一
吉田文和
米澤　勇

■ 著者略歴

向井嘉之（むかい・よしゆき）

1943（昭和18）年　東京生まれ。富山市在住。
同志社大学文学部英文科卒。
ジャーナリスト。イタイイタイ病を語り継ぐ会代表運営委員。
とやまNPO研究会代表。
元聖泉大学人間学部教授（メディア論）。日本NPO学会会員。

主著

『110万人のドキュメント』（単著、桂書房、1985）
『第二次世界大戦　日本の記憶・世界の記憶　戦後六五年海外の新聞は今、何を伝えているか』（単著、楓工房、2010）
『イタイイタイ病報道史』（共著、桂書房、2011）
平和・協同ジャーナリスト基金賞奨励賞
『泊・横浜事件七〇年　端緒の地からあらためて問う』（共著、梧桐書院、2012）
『ＮＰＯが動く　とやまが動く』（共著、桂書房、2012）
日本NPO学会審査委員会特別賞
『民が起つ　米騒動研究の先覚と泊の米騒動』（共著、能登印刷出版部、2013）
『イタイイタイ病とフクシマ これまでの100年 これからの100年』（共著、梧桐書院、2014）
『くらら咲くころに　—童謡詩人 多胡羊歯 魂への旅』（単著、梧桐書院、2015）
日本自費出版文化賞入選、日本図書館協会選定図書
『米騒動とジャーナリズム　大正の米騒動から百年』（共著、梧桐書院、2016）
平和・協同ジャーナリスト基金賞奨励賞
『イタイイタイ病と教育　公害教育再構築のために』（共著、能登印刷出版部、2017）
『イタイイタイ病との闘い 原告 小松みよ』（単著、能登印刷出版部、2018）
『二つの祖国を生きて　恵子と明子』（単著、能登印刷出版部、2018）
『いのちを問う　臓器移植とニッポン』（単著、能登印刷出版部、2019）
『スモモの花 咲くころに　評伝 細川嘉六』（共著、能登印刷出版部、2019）

イタイイタイ病と戦争
戦後七五年 忘れてはならないこと

二〇二〇年二月二〇日　第1刷発行

著　者　向井嘉之
発行者　能登健太朗
発行所　能登印刷出版部
〒九二〇-〇八五五　金沢市武蔵町七-一〇
TEL　〇七六-二二二-四五九五
編　集　能登印刷出版部　奥平三之
印　刷　能登印刷株式会社

落丁・乱丁本は小社にてお取り替えします。

ISBN978-4-89010-765-0

向井嘉之著　好評既刊本

イタイイタイ病との闘い 原告 小松みよ
―提訴そして、公害病認定から五〇年―

著者■向井嘉之
定価■1、500円＋消費税　■A―5版　■216頁
発行■能登印刷出版部

■日本の公害裁判史上初めて、被害者敗北の歴史に終止符を打ったイタイイタイ病裁判。その裁判で原告患者の先頭に立ったのが小松みよであった。「泣いて　もがいて　苦しんだ」小松みよの叫びを記憶のままに綴りながら、著者が公害への激しい怒りをぶつけたのが本書である。日本の近代が始まってから一五〇年。歴史の影にあったイタイイタイ病という公害を通して、この国の近代とは何であったのかを考える。

イタイイタイ病と教育
公害教育再構築のために

著者■向井嘉之［編著］
雨宮洋美　亀澤政喜
武野有希子　粟屋かよ子
葛西伸夫　旗野秀人
定価■1、600円＋消費税　■A―5版　■340頁
発行■能登印刷出版部

■日本の公害病第一号、イタイイタイ病はいよいよ「記憶」から「記録」への時代に入った。イタイイタイ病をどのように「記録」し、どのように語り継いで行くのか、今、「教育」のあり方が問われている。
本書の最大の特徴は、初めて実施された五〇年前から現在までのイタイイタイ病教育を網羅し、実際の授業内容や市民学習の最前線を記録しながら、イタイイタイ病を教えることの、そしてイタイイタイ病を語り継ぐことの本質に挑んだことだ。

いのちを問う
臓器移植とニッポン

著者　向井嘉之
定価　1、600円＋消費税
A－5版　168頁
発行　能登印刷出版部

■臓器移植の専門医・スティラー博士（カナダ）へのインタビューから三〇年の時が過ぎた。そして、札幌医大で日本初の心臓移植が実施されてから半世紀になる。今、日本の臓器移植の現状はどうなっているのかを考えてみたいと、著者が取り組んだのが本書である。

二つの祖国を生きて 恵子と明子
中国残留孤児と日本の近現代

著者　向井嘉之
定価　1、600円＋消費税
A－5版　176頁
発行　能登印刷出版部

■日中平和友好条約締結から四〇年。東アジアをめぐる国際情勢は激しい迷走と漂流を繰り返しながら、今、あらたな階段の踊り場にある。
富山県小矢部市出身の中国残留孤児、宮恵子・明子姉妹が、祖国日本に念願の帰国を果たしてから二〇年が過ぎた。歴史の狭間で、ひたすら生きぬいてきた恵子・明子の心の旅に出る。

くらら咲くころに
――童謡詩人 多胡羊歯 魂への旅

著者　向井嘉之
定価　1、600円＋消費税
四六版・上製本　248頁
発行　梧桐書院　TEL03-5825-3620

■富山県氷見市胡桃（くるみ）、この地こそ「くららの花の詩人」・多胡羊歯（たごようし）の故郷であった。多胡の詩にあるのは、まぎれもなく日本の原風景である。
大地滑りに故郷が消えた一瞬の夏。それでも氷見から一歩も出ることなく、童謡一筋を貫いた生涯。本書は戦前・戦中そして戦後の激動を生きた詩人の魂に迫るドキュメンタリーである。